建筑工人操作技能系列

图解模板工
技能速成

葛树成 主编

TUJIE MUBANGONG
JINENG SUCHENG

U0273430

 化学工业出版社

·北京·

本书依据现行的规范、标准编写，内容紧紧围绕建筑施工企业的模板施工技术而展开。书中系统地介绍了55型组合式钢模板、大模板、滑升模板、台（飞）模、爬升模板、永久性模板、胶合板模板、木模板等内容。本书以大量生动的模板拼装图和构造图分步骤讲解模板工的操作技能和要点，画面生动、文字简洁、图文并茂，融知识性、趣味性和可读性于一体，非常适合初学者接受和掌握。

本书内容丰富、语言精练、实用性强，可供建筑施工现场的技术人员、工程监理人员、模板工等参考，也可作为大中专院校相关专业的教材使用。

图书在版编目（CIP）数据

图解模板工技能速成/葛树成主编 . —北京：化学工业出版社，2016.8

（图解建筑工人操作技能系列）

ISBN 978-7-122-27329-1

Ⅰ.①图… Ⅱ.①葛… Ⅲ.①模板-建筑工程-工程施工-图解 Ⅳ.①TU755.2-64

中国版本图书馆 CIP 数据核字（2016）第 129089 号

责任编辑：彭明兰　　　　　　　　　装帧设计：史利平
责任校对：陈　静

出版发行：化学工业出版社（北京市东城区青年湖南街 13 号　邮政编码 100011）
印　　装：三河市延风印装有限公司
850mm×1168mm　1/32　印张 8½　字数 244 千字
2016 年 10 月北京第 1 版第 1 次印刷

购书咨询：010-64518888（传真：010-64519686）　　售后服务：010-64518899
网　　址：http://www.cip.com.cn
凡购买本书，如有缺损质量问题，本社销售中心负责调换。

定　　价：29.80 元

前言

　　随着我国经济建设的飞速发展，作为我国国民经济支柱产业之一的建筑业也随之持续、快速发展，建筑工人队伍也在不断发展壮大。模板工是建筑施工现场直接从事模板结构搭建、模板施工的操作工人，他们在建筑工程中肩负着重要的职责。随着建筑工程施工新技术、新工艺、新材料的推广和应用，这对模板工也提出了更高的要求。为了能够快速提高模板工的专业能力和技术水平，我们组织相关人员编写了本书，希望对广大从事模板施工的技术人员有所帮助。

　　本书依据现行的规范、标准编写，内容紧紧围绕建筑施工企业的模板施工技术而展开。书中系统地介绍了55型组合式钢模板、大模板、滑升模板、台（飞）模、爬升模板、永久性模板、胶合板模板、木模板等内容。本书以大量生动的模板拼装图和构造图分步骤讲解模板工的操作技能和要点，画面生动、文字简洁、图文并茂，融知识性、趣味性和可读性于一体，非常适合初学者接受和掌握。

　　本书由葛树成主编，由杨静、杨柳、于洋、张金玉、张耀元、季冰风、赵荣颖、赵子仪、周默、王红微、张润楠、石琳、程惠、马艳敏、曲彦泽、李晓玲、张超、白雅君共同参与编写完成。

　　本书在编写过程中参阅和借鉴了多种文献资料，在此对相关作者表示衷心的感谢。限于编者水平有限，书中不妥之处在所难免，恳请广大读者批评指正。

编　者

2016 年 4 月

目 录

Contents

① 55 型组合式钢模板 ……… 1

② 大模板 ……… 33

⑤ 爬升模板　170

⑥ 永久性模板　186

1

55型组合式钢模板

组合式模板，是在现代模板技术中通用性强、装拆方便、周转使用次数多的一种新型模板，可进行现浇混凝土结构的施工，可事先按设计要求组拼成梁、柱、墙、楼板的大型模板，整体吊装就位也可采用散支散拆的方法。

55型组合钢模板，目前采用较多的是肋高55～70mm、板外宽度为600mm的模板。钢模板的部件，主要由钢模板、连接件和支承件三个部分组成。

1.1 钢模板

钢模板主要包括平面模板、转角模板、倒棱模板、梁腋模板等。

（1）平面模板 平面模板由面板与肋条组成，采用钢板制成，面板厚2.3～2.5mm，如图1-1所示。平面模板可用于基础、墙体、梁、柱和板等各种结构的平面部位，平面模板施工如图1-2所示。

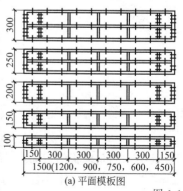

(a) 平面模板图

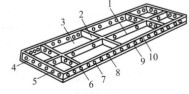

(b) 平面模板透视图

图1-1 平面模板

1—中纵肋；2—中横肋；3—面板；4—横肋；5—插销孔；6—纵肋；
7—凸棱；8—凸鼓；9—U形卡孔；10—钉子孔

图 1-2 平面模板施工图

（2）转角模板 转角模板有阴角模板、阳角模板及连接角模三种，如图 1-3 所示，主要用于结构的转角部位。

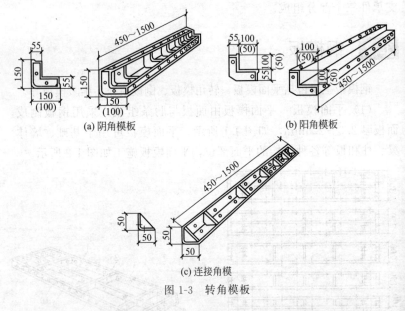

(a) 阴角模板 (b) 阳角模板

(c) 连接角模

图 1-3 转角模板

转角模板的长度和平面模板相同。其中，阴角模板的截面尺寸有 150mm×150mm 与 100mm×150mm 两种，用于墙体及各种构件的内（凹）角的转角部位；阳角模板的截面尺寸有 100mm×100mm、50mm×50mm 两种，用于柱、梁和墙体等外（凸）角的转角部位；连接角模的截面尺寸为 50mm×50mm，用于梁、柱及墙体等外（凸）角的转角部位。

（3）倒棱模板　倒棱模板分为角棱模板和圆棱模板两种，如图 1-4 所示，主要用于梁、柱、墙等阳角的倒棱部位。

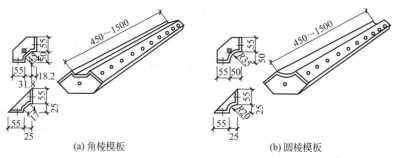

(a) 角棱模板　　　　　　　　　(b) 圆棱模板

图 1-4　倒棱模板

倒棱模板的长度和平面模板相同。其中，角棱模板的宽度有 17mm 和 45mm 两种；圆棱模板的半径有 R20 和 R35 两种。

（4）梁腋模板　梁腋模板主要用于渠道、沉箱和高架结构的梁腋部位，如图 1-5 所示。截面尺寸有 50mm×150mm 和 50mm×100mm 两种。

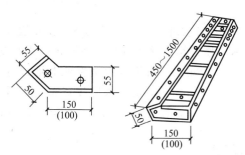

图 1-5　梁腋模板

（5）柔性模板　柔性模板用于圆形筒壁和曲面墙体等部位，宽度或截面尺寸为 100mm，长度与平面模板相同，如图 1-6 所示。

（6）搭接模板　搭接模板用于调节 50mm 以内的拼装模板尺寸，宽度或截面尺寸为 75mm，长度与平面模板相同，如图 1-7 所示。

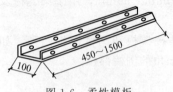

图1-6 柔性模板

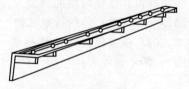

图1-7 搭接模板

（7）可调模板 可调模板分为双曲和变角两种类型。

① 双曲。双曲可调模板用于构筑物曲面部位，宽度或截面尺寸为300mm或200mm，长度为1500mm、900mm、600mm，如图1-8所示。

② 变角。变角可调模板用于展开面为扇形或梯形的构筑物结构，宽度或截面尺寸为200mm或160mm，长度为1500mm、900mm、600mm，如图1-9所示。

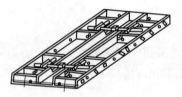

图1-8 双曲可调模板

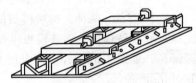

图1-9 变角可调模板

（8）嵌补模板 嵌补模板包括平面嵌板、阴角嵌板和阳角嵌板，用于梁、柱、板、墙等结构接头部位。平面嵌板宽度或截面尺寸为200mm、150mm、100mm；阴角嵌板宽度或截面尺寸为150mm×150mm、100mm×150mm；阳角嵌板宽度或截面尺寸为100mm×100mm、50mm×50mm；长度为300mm、200mm、150mm。

1.2 连接件

连接件由U形卡、L形插销、钩头螺栓、紧固螺栓、扣件和对拉螺栓等构成。

（1）U形卡 U形卡是用Q235圆钢制作而成，规格为φ12。U形卡广泛用于钢模板纵模向的自由拼接，将相邻钢模板夹紧固定，如图1-10所示。

（2）扣件　扣件包括3形扣件和蝶形扣件。扣件是用Q235钢板制作而成，3形扣件包括26型和12型，蝶形扣件包括26型和18型。扣件用于钢楞和钢模板或钢楞之间的紧固连接，与其他配件一起将钢模板拼装连接成

图1-10　U形卡

整体，扣件应与相应的钢楞配套使用。按钢楞的不同形状，分别使用蝶形和3形扣件，扣件的刚度应与配套螺栓的强度相适应，如图1-11所示。

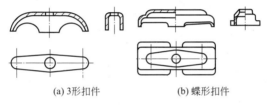

(a) 3形扣件　　　　　(b) 蝶形扣件

图1-11　扣件

（3）L形插销　L形插销是由Q235钢板制作而成，规格为$\phi 12$，$l=345mm$。L形插销用来增加钢模板的纵向拼接刚度，保证接缝处板面平整，如图1-12所示。

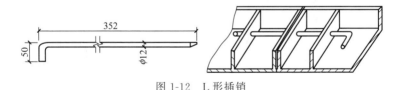

图1-12　L形插销

（4）钩头螺栓　钩头螺栓是由Q235钢板制作而成，规格为$\phi 12$，$l=205mm$或$180mm$。钩头螺栓用于钢模板和内、外钢楞之间的连接固定，如图1-13所示。

（5）紧固螺栓　紧固螺栓是由Q235钢板制作而成，规格为$\phi 12$，$l=180mm$。紧固螺栓用于紧固内、外钢楞以及增强拼接模板的整体性，如图1-14所示。

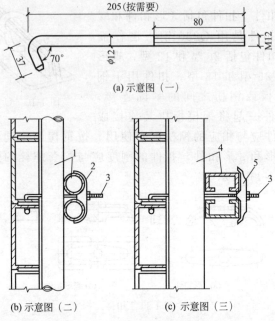

(a) 示意图（一）

(b) 示意图（二）　　　　　(c) 示意图（三）

图 1-13　钩头螺栓连接示意

1—圆钢管钢楞；2—3 形扣件；3—钩头螺栓；4—内卷边槽钢钢楞；5—蝶形扣件

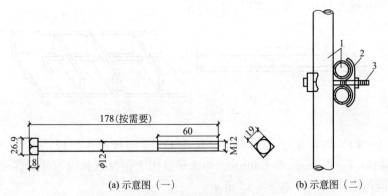

(a) 示意图（一）　　　　　(b) 示意图（二）

图 1-14　紧固螺栓连接示意

1—圆钢管钢楞；2—3 形扣件；3—紧固螺栓

（6）对拉螺栓　对拉螺栓是由 Q235 钢板制作而成，有 M12、M14、M16、T12、T14、T16、T18、T20 八种规格。对拉螺栓用于拉结两竖向侧模板，保持两侧模板的间距，承受混凝土侧压力与其他荷载，确保模板有足够的强度和刚度，如图 1-15 所示。

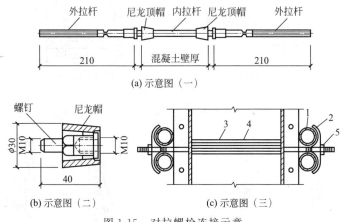

(a) 示意图（一）

(b) 示意图（二）　　　　(c) 示意图（三）

图 1-15　对拉螺栓连接示意

1—圆钢管钢楞；2—3 形扣件；3—对拉螺栓；4—塑料套管；5—螺母

1.3　支承件

（1）钢楞　钢楞又称龙骨，主要用于支承钢模板以及加强其整体刚度。钢楞的材料有 Q235 圆钢管、矩形钢管、内卷边槽钢、轻型槽钢、轧制槽钢等，可根据设计要求及供应条件选用。

（2）柱箍　柱箍又称柱卡箍、定位夹箍，用于直接支承和夹紧各类柱模的支承件，可根据柱模的外形尺寸以及侧压力的大小来选用，如图 1-16 所示。

（3）梁卡具　梁卡具又称梁托架，是一种将大梁、过梁等钢模板夹紧固定的装置，并承受混凝土侧压力，且种类较多。其中，钢管型梁卡具，其示意图如图 1-17 所示，适用于断面尺寸为 700mm×500mm 以内的梁；扁钢和圆钢管组合梁卡具，其示意图如图 1-18 所示，适用于断面尺寸为 600mm×500mm 以内的梁。上述两种梁卡具的高度与宽度都能调节。

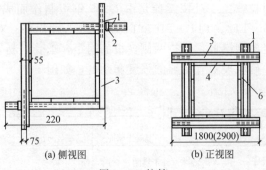

(a) 侧视图　　　　　　(b) 正视图

图 1-16　柱箍

1—插销；2—限位器；3—夹板；4—模板；5,6—型钢

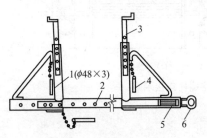

图 1-17　钢管型梁卡具

1—三脚架；2—底座；3—调节杆；

4—插销；5—调节螺栓；6—钢筋环

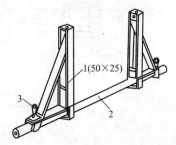

图 1-18　扁钢和圆钢管组合梁卡具

1—三脚架；2—底座；3—固定螺栓

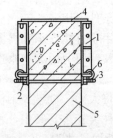

图 1-19　圈梁卡（一）

1—钢模板；2—连接角模；

3—拉结螺杆；4—拉铁；

5—砖墙；6—U形卡

（4）圈梁卡　圈梁卡用于圈梁、过梁、地基梁等方（矩）形梁侧模的夹紧固定。目前各地使用的形式多种多样，现简单介绍下列三种施工简便的圈梁卡。

①用于连接角模与拉结螺栓做梁侧模底座，梁侧模上部用拉铁固定，如图 1-19 所示。

②用于型钢及钢板加工成的工具式圈梁卡，如图 1-20 所示。

③用于梁卡具做梁侧模的底座，上部用弯钩固定钢模板的位置，如图 1-21 所示。

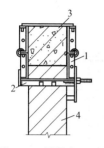

图 1-20　圈梁卡（二）

1—钢模板；2—卡具；

3—拉铁；4—砖墙

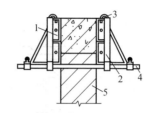

图 1-21　圈梁卡（三）

1—钢模板；2—梁卡具；3—弯钩；

4—圆钢管；5—砖墙

（5）钢支柱　钢支柱用于大梁、楼板等水平模板的垂直支撑，采用 Q235 钢管制作，有单管支柱与四管支柱多种形式，如图 1-22 所示。单管支柱分为 C-18 型、C-22 型和 C-27 型三种类型，其规格（长度）分别为 1812～3112mm、2212～3512mm 及 2712～4012mm。

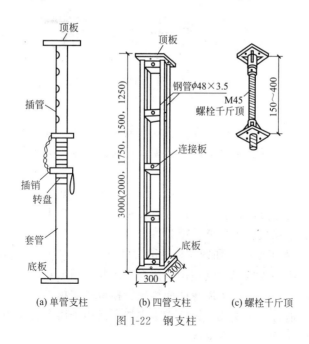

(a) 单管支柱　　(b) 四管支柱　　(c) 螺栓千斤顶

图 1-22　钢支柱

（6）早拆柱头　早拆柱头用于梁与模板的支撑柱头，以及模板早拆柱头，如图1-23所示。

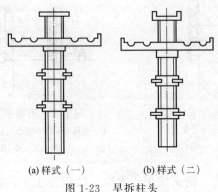

(a)样式（一）　　　　(b)样式（二）

图1-23　早拆柱头

（7）斜撑　斜撑用于承受单侧模板的侧向荷载及调整竖向支模的垂直度，如图1-24所示。

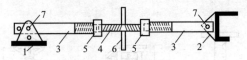

图1-24　斜撑

1—底座；2—顶撑；3—钢管斜撑；4—花篮螺栓；5—螺母；6—旋杆；7—销钉

（8）桁架　桁架有平面可调式与曲面可变式两种。平面可调桁架用于支承楼板、梁平面构件的模板；曲面可变桁架支承曲面构件的模板。

① 平面可调桁架，如图1-25所示，用于楼板、梁等水平模板的支架。用它支设模板，可以节省模板支撑以及扩大楼层的施工空间，有利于加快施工速度。

② 曲面可变桁架如图1-26所示，由桁架、连接件、垫板、连接板、方垫块等构成。其适用于筒仓、沉井、圆形基础、明渠、暗渠、水坝、桥墩、挡土墙等曲面构筑物模板的支撑。

（9）钢管脚手支架　钢管脚手支架广泛用于层高较大的梁、板等水平构件模板的垂直支撑。

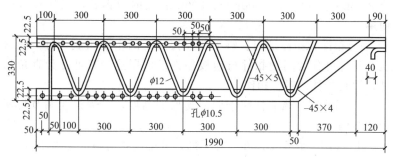

图 1-25　平面可调桁架

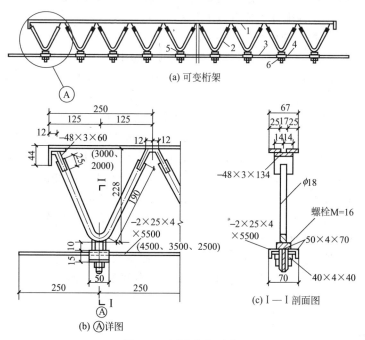

(a) 可变桁架

(b) Ⓐ详图

(c) Ⅰ—Ⅰ剖面图

图 1-26　可变桁架示意

1—内弦；2—腹肋；3—外弦；4—连接件；5—螺栓；6—方垫块

① 扣件式钢管脚手架。

a. 钢管。一般使用外径 $\phi48$、壁厚 3.5mm 的焊接钢管，长度有 2000mm、3000mm、4000mm、5000mm、6000mm 五种，另配

有 200mm、400mm、600mm、800mm 长的短钢管，供接长调距使用。

b. 扣件。扣件是钢管脚手架连接固定的重要组成部分。按材质，扣件可分为玛钢扣件与钢板扣件；按用途，其可分为直角扣件、回转扣件及对接扣件。

c. 调节杆。调节杆用于调节支架的高度，分为螺栓调节与螺管调节两种。

d. 底座。底座安装在立杆下部，分可调式与固定式两种。

② 碗扣式钢管脚手架。碗扣式钢管脚手架主要由上、下碗扣、横杆接头及上碗扣的限位销等组成。其碗扣接头是该脚手架系统的核心部件。构配件主要有以下几种。

a. 立杆。长度分为 1800mm 与 3000mm 两种。

b. 顶杆。顶杆主要是指支撑架顶部立杆，其上可装设承座或托座，长度有 900mm 与 1500mm 两种。立杆和顶杆配合可以构成任意高度的支撑架。

c. 横杆。横杆是指支承架的水平承力杆，长度有 300mm、900mm、1200mm、1800mm 以及 2400mm 五种。

d. 斜杆。斜杆是指支承架的斜向拉压杆，长度有 1690mm、2160mm、2550mm 及 3000mm 四种，分别用于 1.2m×1.2m、1.2m×1.8m，1.8m×1.8m 和 1.8m×2.4m 网格。

e. 支座。支座用于支垫立杆底座或做支撑架顶撑支垫，有垫座与可调座两种形式。

③ 门式支架。门式支架主要由门形框架、剪刀撑、水平梁架及可调底座等部件组成。门形框架形式多种多样，标准型门架的宽度为 1219mm，高度为 1700mm。剪刀撑与水平梁架亦有多种规格，可以根据门架间距来选择，通常采用 1.8m。可调底座的可调高度为 200～550mm。

1.4 配板设计

(1) 基础模板配板设计 这里介绍几种典型的基础模板的配板设计。

①　条形基础。条形基础模板两边侧模，通常可横向配置，模板下端外侧用通长横楞连固，并与预先埋设的锚固件楔紧。竖楞用$\phi48\times3.5$钢管，用U形钩和模板固连。竖楞上端可对拉固定。

阶形基础可分次支模。当基础大放脚不厚时，可使用斜撑固定；当基础大放脚较厚时，应按计算设置对拉螺栓，上部模板可用工具式梁卡固定，也可用钢管吊架固定，如图1-27所示。

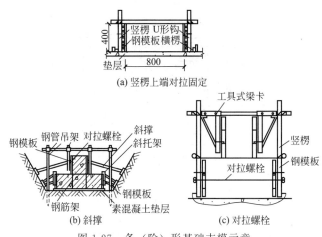

图1-27　条（阶）形基础支模示意

②　独立基础。独立基础是各自分开的基础，有的带地梁，有的不带地梁，多数为台阶式。独立基础的上阶模板应搁置在下阶木板上，要保证各阶模板的相对位置固定结实，这样可以防止浇筑混凝土时模板出现位移，如图1-28所示。杯形基础的芯模可用楔形木条和钢模板组合。

③　筏基、箱基及设备基础。

a. 通常需要横排模板，接缝错开布置。当高度符合主钢模板块时，模板也可竖排。

b. 可根据混凝土对模板的侧压力和施工荷载通过计算来确定支承钢模的内、外构及拉筋、支撑的间距。

c. 筏基应采取底板与上部地梁分开施工、分次支模，如图1-29(a)所示。当设计要求底板与地梁一次浇筑时，梁模要采取支垫和临时支撑措施。

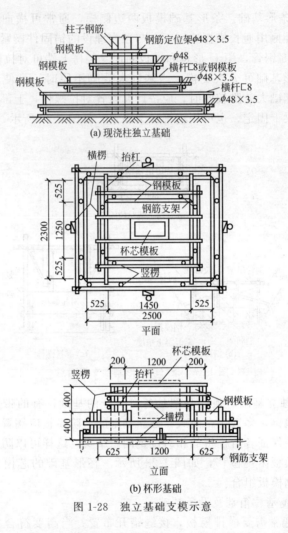

(a) 现浇柱独立基础

(b) 杯形基础

图 1-28 独立基础支模示意

d. 箱基通常采用底板先支模施工。一般不宜采用可回收的对拉螺栓，如图 1-29(b) 所示。要特别注意施工缝止水带及对拉螺栓的处理。

e. 大型设备基础侧模的固定方法，可以采用对拉方式，如图 1-29(c)所示，也可采用支拉方式，如图 1-29(d) 所示。

厚壁内设沟道的大型设备基础，配模方式可参见图 1-29(e)。

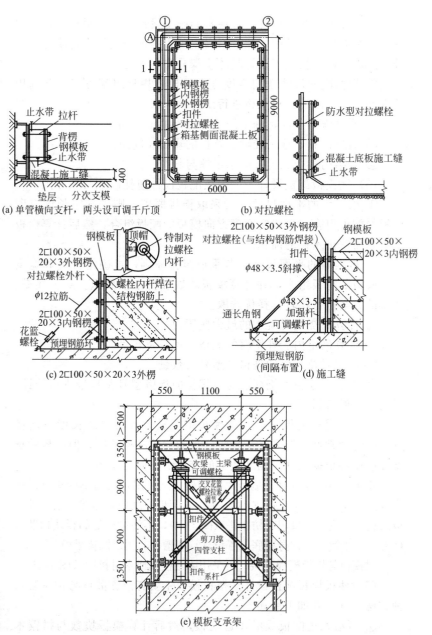

(a) 单管横向支杆，两头设可调千斤顶

(b) 对拉螺栓

(c) 2□100×50×20×3外楞

(d) 施工缝

(e) 模板支承架

图 1-29　筏基、箱基和大型设备基础支模示意

（2）柱模板配板设计　柱模板的施工设计首先应根据单位工程中不同断面尺寸和长度的柱，对需要配置的模板数量进行统计、编号、列表。柱模板施工设计具体步骤分为如下几步。

① 根据断面尺寸选用宽度方向的模板规格组配方案，并选用长（高）度方向的模板规格进行组配。

② 通过施工条件，确定浇筑混凝土的最大侧压力。

③ 通过计算，选用柱箍、背楞的规格及间距。

④ 按结构构造配置柱间水平撑与斜撑。

（3）墙模板配板设计　墙模板配板设计包括以下几项原则。

① 根据墙的平面尺寸，若采取横排原则，则先确定长度方向模板的配板组合，再确定宽度方向模板的配板组合，然后计算模板块数及需镶拼木模的面积。

② 根据墙的平面尺寸，若采取竖排原则，可确定长度和宽度方向模板的配板组合，并计算模板块数和拼木模面积。对上述横、竖排的方案进行比较，择优选取。

③ 计算新浇筑混凝土的最大侧压力。

④ 计算确定内、外钢楞的规格、型号及数量。

⑤ 确定对拉螺栓的规格、型号及数量。

⑥ 对需配模板、钢楞、对拉螺栓的规格型号及数量进行统计、列表，以便备料。

（4）梁模板配板设计　梁模板的配板，宜沿梁的长度方向横排，端缝通常都可错开，配板长度虽为梁的净跨长度，但配板的长度和高度要根据与柱、墙和楼板的交接情况而定。

正确的方法是在柱、墙或大梁的模板上，用角模与不同规格的钢模板做嵌补模板拼出梁口（图1-30），其配板长度为梁净跨减去嵌补模板的宽度。或在梁口用木枋镶拼（图1-31），不使梁口处的板块边肋与柱混凝土接触，在柱身梁底位置设柱箍或槽钢，用以搁置梁模。

梁模板与楼板模板交接，可采用阴角模板或木材拼镶（图1-32）。

（5）楼板模板配板设计　楼板模板主要有散支散拆与预拼装两种方法，其步骤如下所述。

① 可沿长边配板或沿短边配板，然后计算模板块数与拼镶木模的面积，通过比较做出选择。

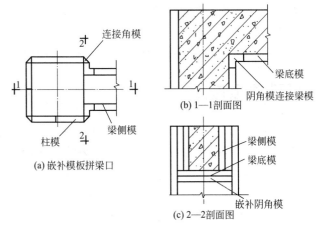

(b) 1—1剖面图

(a) 嵌补模板拼梁口

(c) 2—2剖面图

图 1-30 柱顶梁口采用嵌补模板

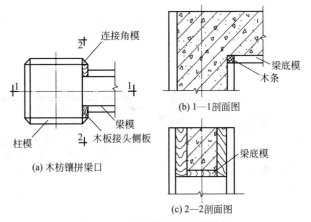

(b) 1—1剖面图

(a) 木枋镶拼梁口

(c) 2—2剖面图

图 1-31 柱顶梁口用木枋镶拼

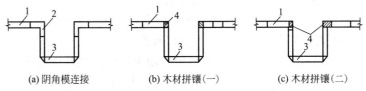

(a) 阴角模连接   (b) 木材拼镶（一）   (c) 木材拼镶（二）

图 1-32 梁模板与楼板模板交接

1—楼板模板；2—阴角模板；3—梁模板；4—木材

② 确定模板的荷载，选用钢楞。

③ 计算选用钢楞。

④ 计算确定立柱规格型号，并做出水平支撑与剪刀撑的布置。

1.5 基础模板施工

（1）条形基础　条形基础的安装如下所述。

① 安装顺序。安装前检查→安装底层两侧模板→侧模支撑→搭设钢管吊架→安装上部吊模板并固定→检查、校正。

② 安装方法。依据基础边线就地组拼模板。将基槽土壁修整后用短木枋将钢模板支撑在土壁上。然后在基槽两侧地坪上打入钢管锚固桩，搭钢管吊架，使吊架保持水平，用线锤将基础中心引测到水平杆上，按中心线安装模板，用钢管和扣件将模板固定在吊架上，用支撑拉紧模板，亦可采用工具式梁卡支模，如图 1-33（a） 所示；若基础较深，可搭设双层水平杆，如图 1-33（b） 所示。

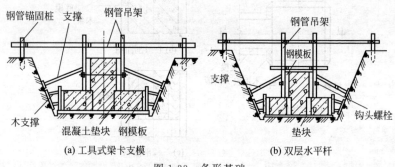

(a) 工具式梁卡支模　　　　(b) 双层水平杆

图 1-33　条形基础

（2）杯形基础　杯形基础的安装如下所述。

① 安装顺序。安装前检查→安装底阶模板→安装支撑→安装第二阶模板→第二阶模板支撑→吊设杯形模、固定。

② 安装方法。第一层台阶模板可用角模将四侧模板连成整体，四周用短木枋撑于土壁上；第二层台阶模板可直接放置在混凝土垫块（图 1-34）上，或用木枋型钢等相连接，也可参照条形基础采用钢管支架吊设。四片模板连接整成整体后矫正模板位置，四边用

支撑固定牢靠。接着用线锤将基础中心线引测至该模板上口，画好标记，根据中心线标记安装杯口模板。杯口模板可采用在杯口钢模板四角加设四根有一定锥度的木枋，或在四角阴角模与平模间嵌上一块楔形木条，使杯口模形成锥度。

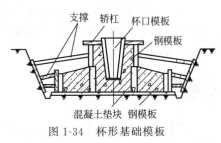

图1-34　杯形基础模板

（3）独立基础　独立基础的安装如下所述。

① 安装顺序。安装流程为：安装前检查→安装基础模板并用连接角模连成整体→设置模板支撑→搭设钢管井字架→逐块安装柱钢模→安装柱箍→安装柱顶固定支撑→校正柱模中心调整好固定→群体固定。

② 安装方法。就地拼装各侧模板，或在基础旁边的平地上拼装成型后抬入基坑内，用连接角模、U形卡连接四块模板组装成整体按位置安装，接着安装四边支撑，并用支撑撑于土壁上。搭设柱模井字架，使立杆下端固定在基础模板外侧，用水平仪找平井字架水平杆后，先将第一块柱模用扣件固定在水平杆上，同时放置在混凝土垫块上。然后按单块柱模组拼方法组拼柱模，直至柱顶，如图1-35所示。

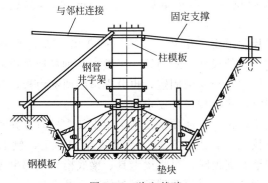

图1-35　独立基础

（4）大体积基础　工业和民用建筑的大体积基础，通常为筏形或箱形基础，埋置深，有抗渗防水要求，对模板支撑系统的强度、刚度及稳定性要求较高。

1.6 梁模板施工

梁模板施工的安装顺序为：弹线→支立柱→拉线、起拱、调整梁底横楞标高→安装梁底模板→绑扎钢筋→安装侧模板→预检。

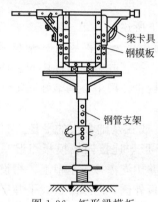

图 1-36　矩形梁模板

梁模板是由底模板、两侧模板、梁卡具和支架组成，如图 1-36 所示。模板跨度大而宽度小，底模板与两侧模板用连接角模连接。两侧模板用梁卡具加固，整个梁模板用支柱、水平和斜向支撑组成支架支撑。

（1）单块就位组拼　单块就位组拼在复核梁底标高校正轴线位置正确后，搭设和调平模板支架（包括安装水平拉杆和剪刀撑），固定钢楞或梁卡具，再在横楞上铺放梁底板，拉线找直，并用钩头螺栓和钢楞固定，拼接角模。在绑扎钢筋后，安装并固定两侧模板。按设计要求起拱（一般梁的跨度大于 4m 时，起拱高度为梁跨度的 0.2%～0.3%）。

（2）单片预组拼　单片预组拼（图 1-37）在检查预组拼的梁底模与两侧模板的尺寸、对角线、平整度及钢楞连接以后，先将梁底模吊装就位同时与支架固定，再分别吊装两侧模板，与底模拼接后设斜撑固定，然后按设计要求起拱。

（3）整体预拼　整体预拼是当采用支架支模时，在整体梁模板吊装就位并校正后，进行模板底部和支架的固定，侧面用斜撑固定；当采用桁架支模时，可将梁卡具、梁底桁架全部事先固定在梁模上。安装就位时，梁模两端准确安放在立柱上。

（4）梁模板安装　梁模板安装分为如下六步。

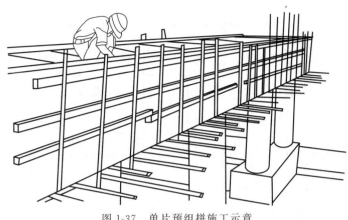

图 1-37　单片预组拼施工示意

① 在柱、墙或大梁的模板上，用角模与不同规格的钢模板做嵌补模板拼出梁口，如图 1-30 所示，其配板长度为梁净跨减去嵌补模板的宽度。或在梁口用木枋镶拼，如图 1-31 所示，使梁口处的板块边肋和柱混凝土不能接触，在柱身梁底位置设柱箍或槽钢，用以搁置梁模。

② 梁模支柱的设置，通常情况下采用双支柱时，间距以 600～1000mm 为宜。

③ 模板支柱纵、横方向的水平拉杆、剪刀撑等，均需按设计要求布置；当设计无规定时，支柱间距通常不宜大于 2m，纵横方向的水平拉杆的上下间距不宜大于 1.5m，纵横方向的垂直剪刀撑的间距不宜大于 6m。

④ 单片预组拼与整体组拼的梁模板，在吊装就位拉结支撑稳固后，方可脱钩。五级以上大风时应停止吊装。

⑤ 使用扣件钢管脚手作支架时，扣件要拧紧，要抽查扣件的扭力矩。横杆的步距要按设计要求设置。使用桁架支模时，要按事先设计的要求设置（图 1-38），桁架的上下弦要设水平连接，拼接桁架的螺栓要拧紧，数量要满足要求。

⑥ 由于空调等各种设备管道安装的要求，需要在模板上预留孔洞时，应尽量使穿梁管道孔分散，穿梁管道孔的位置应设置在梁中，如图 1-39 所示，避免削弱梁的截面，影响梁的承载能力。

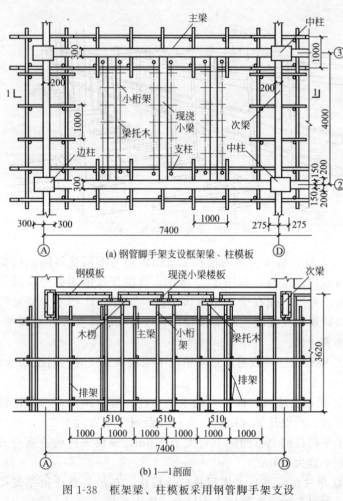

(a) 钢管脚手架支设框架梁、柱模板

(b) 1—1剖面

图 1-38　框架梁、柱模板采用钢管脚手架支设

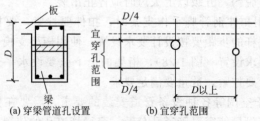

(a) 穿梁管道孔设置　　(b) 宜穿孔范围

图 1-39　穿梁管道孔设置的高度范围

D—梁高

1.7 墙模板施工

① 按照位置线安装门洞口模板，下预埋件或木砖。

② 把预先拼装好的一面模板按位置线设置就位，如图 1-40 所示，然后安装拉杆或斜撑，安装支固套管及穿墙螺栓。穿墙螺栓的规格与间距，由模板设计规定。

③ 清扫墙内杂物，安装另一侧模板，调整斜撑（或拉杆）使模板垂直，再拧紧穿墙螺栓。

图 1-40　墙模板的施工

④ 墙模板安装注意事项。

a. 单块就位组拼时，应该从墙角模开始，向互相垂直的两个方向组拼。

b. 当完成第一步单块就位组拼模板后，可设置内钢楞，内钢楞和模板肋用螺栓紧固，其间距不大于 600mm。当钢楞长度不够，需要接长时，接头处应增加同样数量的钢楞。

c. 预组拼模板安装时，应边就位边校正，并立即安装各种连接件、支承件或加设临时支撑。必须等到模板支撑稳固后，才能脱钩。

d. 在组装模板时，要使两侧穿孔的模板对称布置，以使穿墙螺栓与墙模保持垂直。

e. 相邻模板边肋用 U 形卡连接的间距，不应大于 300mm，预组拼模板接缝处宜填满。U 形卡要反正交替安装。

f. 上下层墙模板接槎的处理，当采取单块就位组拼时，可在下层模板上端设一道穿墙螺栓，拆模时该层模板暂不拆除，在布置上层模板时，作为上层模板的支承面（图 1-41）。当采用预组拼模板时，可在下层混凝土墙上端往下 200mm 左右处，安装水平螺栓，紧固一道通长的角钢作为上层模板的支承（图 1-42）。

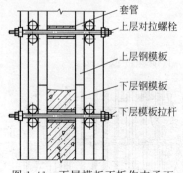

图 1-41　下层模板不拆作支承面

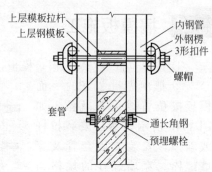

图 1-42　角钢支承

g. 预留门窗洞口的模板，应有锥度，安装需牢固，既不变形，又方便拆除。

h. 对拉螺栓的设置，应根据不同的对拉螺栓采取不同的做法。

Ⅰ. 对于组合式对拉螺栓，应注意内部杆拧入尼龙帽有 7～8 个螺纹。

Ⅱ. 对于通长螺栓，要套硬塑料管，以保证螺栓或拉杆回收使用。塑料管长度应比墙厚小 2～3mm。

i. 墙模板上预留的小型设备孔洞，当遇到钢筋时，应设法保证钢筋位置正确，不得将钢筋移向一侧（图 1-43）。墙模板的组装，如图 1-44 所示。

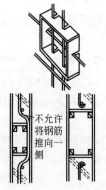

图 1-43　墙模板上设备
孔洞模板做法

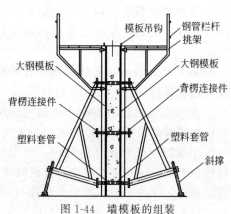

图 1-44　墙模板的组装

1.8 柱模板施工

(1) 单块就位组拼的方法　单块就位组拼的方法是先将柱子第一节四面模板就位，并用连接角组装好，角模宜高出平模，校正调好对角线，并用柱箍固定。然后以第一节模板上依附高出的角模连接件为基准，用同样方法组装第二节模板，直到柱全高。各节组拼时，要用 U 形卡正反交替连接水平接头和竖向接头，在安装到一定高度时，要进行支撑或拉结，防止倾倒，并用支撑或拉杆上的调节螺栓校正模板的垂直度。

安装顺序为：搭设安装架子→第一节钢模板安装就位→检查对角线、垂直度和位置→安装柱箍→第二、三节模板及柱箍安装→安装有梁扣的柱模板→全面检查校正(图 1-45)→整体固定。

图 1-45　全面检查校正

(2) 单片预组拼的方法　单片预组拼的方法是将事先预组拼的单片模板，经检查其对角线、板边平直度及外形尺寸合格后，吊装就位并做临时支撑，随即进行第二片模板吊装就位，用 U 形卡与第一片模板组合成 L 形，同时做好支撑。如此再完成第三、四片模板的吊装就位、组装。

模板就位组装后，随即检查其位移、垂直度、对角线情况，经校正无误后，立即自下而上地安装柱箍。

全面检查合格后，与相邻柱群或四周支架临时拉结固定。

安装顺序为：单片预组合模板组拼并检查→第一片安装就位并支撑→邻侧单片预组合模板安装就位→两片模板呈 L 形用角模连接并支撑→安装第三、四片预组合模板并支撑→检查模板位移、垂直度、对角线并校正→由下而上安装柱箍→全面检查安装质量→整体固定。

(3) 整体预组拼的方法　整体预组拼的方法是在吊装前，先检查已经整体预组拼的模板上、下口对角线的偏差和连接件、柱箍等的牢固程度，并用铅丝将柱顶钢筋先绑扎在一起，以便柱模从顶部套入。待整体预组拼模板吊装就位后，立即用四根支撑或装有紧张器的缆风绳与柱顶四角拉结，并校正其中心线及偏斜，如图1-46所示，全面检查合格后，再整体固定。

安装顺序为：吊装前检查→吊装就位→安装支撑或缆风绳→全面质量检查→整体固定。

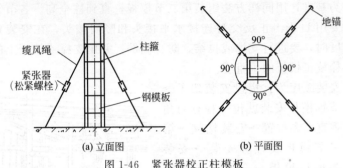

缆风绳　柱箍　地锚　90°　90°　90°　90°　紧张器（松紧螺栓）　钢模板

(a) 立面图　　　(b) 平面图

图1-46　紧张器校正柱模板

（4）注意事项　注意事项包括以下五项。

① 确保柱模的长度符合模数，不符合部分放到节点部位处理；或以梁底标高为准，由上向下配模，不符合模数部分放到柱根部位处理；高度在4m及4m以上时，通常四面支撑。当柱高超过6m时，不宜单根柱支撑，宜几根柱同时支撑连成构架。

② 柱模根部要用水泥砂浆堵严，避免跑浆；柱模的浇筑口和清扫口在配模时应一并留出。

③ 梁、柱模板分两次支设时，在柱子混凝土达到拆模强度时，最上一段柱模先保留不拆，方便与梁模板连接。

④ 按照现行混凝土结构工程施工及验收规范，浇筑混凝土的自由倾落高度不能超过2m，因此当柱模超过2m以上时，可以设浇筑孔盖板，如图1-47所示。

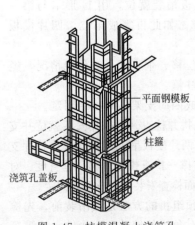

平面钢模板　柱箍　浇筑孔盖板

图1-47　柱模混凝土浇筑孔

⑤ 柱模设置的拉杆每边两根，与地面成45°夹角，同时与预埋在楼板内的钢筋环拉结。钢筋环与柱距离为3/4柱高；柱模的清渣口应预留在柱脚一侧，如果柱子断面较大，为了便于清理，也可两面留设。清理完毕，立即封闭。

柱模的侧板可视情况采用图1-48所示的支撑方法。

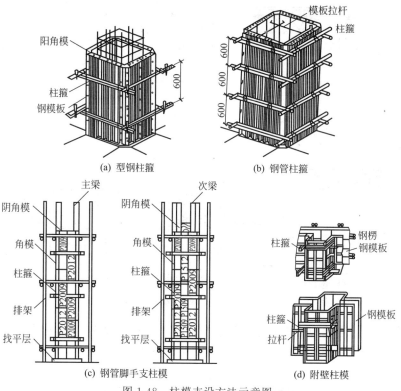

图1-48　柱模支设方法示意图

1.9　楼板模板施工

① 采用立柱作支架时，从边跨一侧开始依次安装立柱，并同时安装外钢楞（大龙骨）。

② 采用桁架作支承结构时，通常应预先支好梁、墙模板，然

后将桁架按照模板设计要求支设在梁侧模通长的型钢或木枋上，调平固定后再铺设模板。

③ 如果墙、柱已先行施工，可利用已施工的墙、柱作垂直支撑（图 1-49），采用悬挂支模。

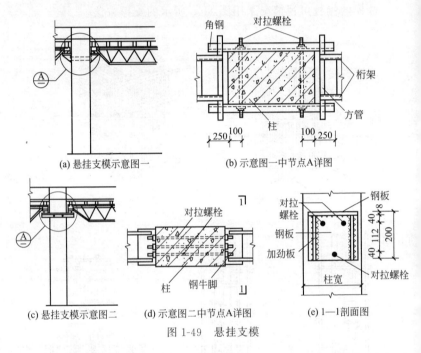

(a) 悬挂支模示意图一

(b) 示意图一中节点A详图

(c) 悬挂支模示意图二

(d) 示意图二中节点A详图

(e) 1—1剖面图

图 1-49　悬挂支模

④ 当楼板模板采用单块就位组拼时，应每个节间从四周先用阴角模板与墙、梁模板连接，然后向中央铺设，如图 1-50 所示。

图 1-50　楼板模板的铺设

⑤ 楼板模板施工注意事项。

a. 底层地面应夯实，并垫以通长脚手板，楼层地面立支柱（包括钢管脚手架作支撑）也应当垫通长脚手板。采用多层支架模板时，上下层支柱应在同一竖向中心线上。

b. 桁架支模时，要注意桁架和支点的连接，以免滑动，桁架应支承在通长的型钢上，使支点形成一条直线。

c. 预组拼模板块较大时，应加设钢楞再吊装，以增加板块的刚度。

d. 预组拼模板在吊运前需检查模板的尺寸、对角线、平整度以及预埋件和预留孔洞的位置。安装就位后，迅速用角模与梁、墙模板连接。

e. 采用钢管脚手架做支撑时，沿支柱高度方向每隔 1.2～1.3m 布置一道双向水平拉杆。

楼板模板支设方法如图 1-51 和图 1-52 所示。

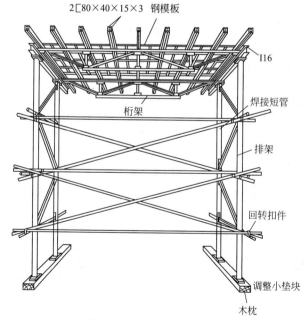

图 1-51　桁架支设楼板模板

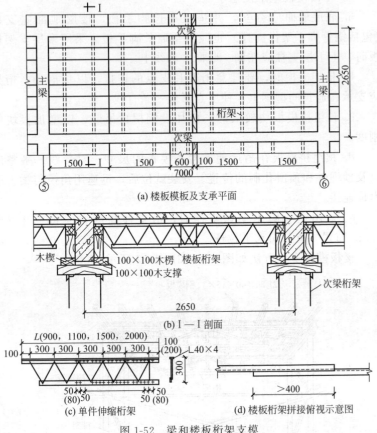

(a) 楼板模板及支承平面

(b) Ⅰ—Ⅰ剖面

(c) 单件伸缩桁架

(d) 楼板桁架拼接俯视示意图

图 1-52　梁和楼板桁架支模

注：*L*—桁架长度

1.10　楼梯模板施工

①　楼梯模板与前几种模板相比，其构造相对比较复杂，常见的楼梯模板有板式和梁式两种，它们的支模工艺基本相同。

②　在楼梯模板正式安装前，应根据施工图及实际层高进行放样，首先安装休息平台梁模板，再安装楼梯模板斜楞，然后铺设楼梯的底模，安装外侧模板与踏步模板。安装模板时要特别注意斜向

支柱固定牢固，避免浇筑混凝土时模板产生移动。楼梯模板安装示意图如图 1-53 所示；楼梯模板施工图如图 1-54 所示。

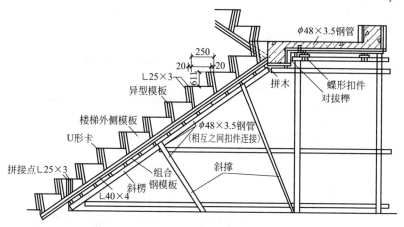

图 1-53 楼梯模板安装示意

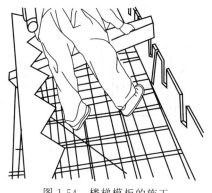

图 1-54 楼梯模板的施工

1.11 预埋件和预留孔洞的设置

（1）预埋件的留置 预埋件外露面应紧贴墙模板，锚脚和钢筋骨架焊接时不得咬伤钢筋，不准与预应力筋焊接。除此之外，也可以采取绑扎固定方法，如图 1-53 所示。此时锚脚应长些，与钢筋的绑扎一定要牢固，避免预埋件在混凝土浇筑过程中移位。

梁顶面与板顶面预埋件的留设方法，如图1-55所示。其他与木模相同。

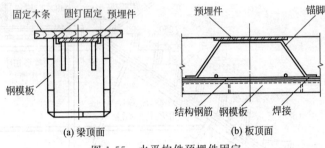

(a) 梁顶面　　　　　　(b) 板顶面

图1-55　水平构件预埋件固定

（2）预留孔洞的留置　预留门窗洞口的模板，需有一定锥度，安装牢固，既不变形，又便于拆除。可使用钢筋焊成的井字架卡住孔模，井字架与钢筋焊牢，如图1-56所示。

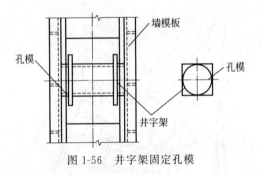

图1-56　井字架固定孔模

（3）上下层墙模板接槎的处理　参见本书1.7节中墙模板安装注意事项相关内容。

2

大模板

大模板是大型模板或大块模板的简称。它的单块模板面积较大，一般以一面现浇混凝土墙体为一块模板。大模板是用定型化的设计及工业化加工制作而成的一种工具式模板，施工时配以相应的吊装及运输机械（图 2-1），用于现浇钢筋混凝土墙体。它有便于安装和拆除、尺寸准确和板面平整等特点。

采用大模板进行结构施工，主要用在剪力墙结构或框架-剪力墙结构中的剪力墙施工。

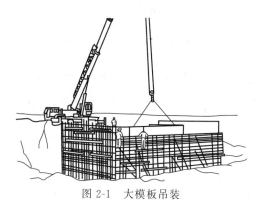

图 2-1　大模板吊装

2.1　大模板的构造

2.1.1　固定式大模板

固定式大模板是我国应用最早的工业化模板，由板面、支撑桁架和操作平台组成，如图 2-2 所示。

板面由面板、横肋及竖肋组成。面板采用 4～5mm 厚钢板；横肋用[8 槽钢，间距为 300～330mm；竖肋用[8 槽钢成组对焊接，

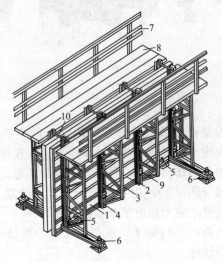

图 2-2 固定式大模板构造示意

1—面板；2—水平肋；3—支撑桁架；4—竖肋；5—水平调整装置；6—垂直
调整装置；7—栏杆；8—脚手板；9—穿墙螺栓；10—固定卡具

与支撑桁架连为一体，距离约为 1000mm。桁架上方铺设脚手板作为操作平台，下方布置可调节模板高度和垂直度的地脚螺栓。

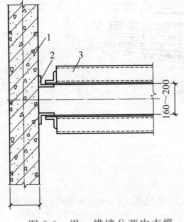

图 2-3 纵、横墙分两次支模

1—已完横墙；2—补缝角模；
3—纵墙模板

固定式大模板通用性差。为了使横墙与纵墙能同时浇筑混凝土，需要另外配置角模解决纵、横墙间的接缝处理，如图 2-3 所示；其适用于标准化设计的剪力墙施工，目前已较少采用。

2.1.2 组合式大模板

组合式大模板是通过固定在大模板上的角模，将纵、横墙模板组装在一起，可以同时浇筑纵、横墙的混凝土，并可利用模数条模板调整大模板的尺寸，以满足不同开间、进深尺寸的变化。

该模板由板面、支撑系统、操作平台和连接件等部分组成，如图 2-4 所示。

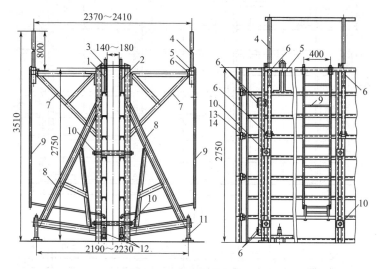

图 2-4 组合式大模板构造

1—反向模板；2—正向模板；3—上口卡板；4—活动护身栏；5—爬梯横担；

6—螺栓连接；7—操作平台斜撑；8—支撑架；9—爬梯；10—穿墙螺栓；

11—地脚螺栓；12—地脚；13—反活动角模；14—正活动角模

（1）板面结构　板面系统是由面板、横肋和竖肋以及竖向（或横向）背楞（龙骨）组成，如图 2-5 所示。

在模板的两端通常焊接角钢边框（图 2-5），使板面结构形成一个封闭骨架，增强整体性。从功能上可解决横墙模板和纵墙横板之间的搭接，以及横墙模板与预制外墙组合柱模板的搭接问题。

（2）支撑系统　支撑系统的功能在于支持板面结构，维持大模板的竖向稳定，以及调节板面的垂直度。支撑系统由三角支架与地脚螺栓组成。

三角支架用角钢与槽钢焊接而成，如图 2-6 所示。一块大模板最少布置两个三角支架，通过上、下两个螺栓与大模板的竖向龙骨连接。

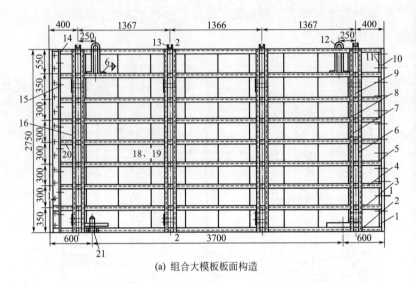

(a) 组合大模板板面构造

(b) 1—1剖面图

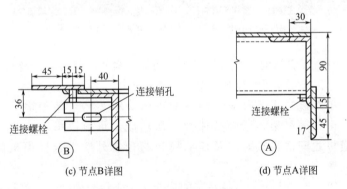

(c) 节点B详图   (d) 节点A详图

图 2-5   组合大模板板面系统构造

1—面板；2—底横肋（横龙骨）；3~5—横肋（横龙骨）；6,7—竖肋（竖龙骨）；

8,9—小肋（扁钢竖肋）；10,17—拼缝扁钢；11,15—角龙骨；12—吊环；

13—上卡板；14—顶横龙骨；16—撑板钢管；18—螺母；

19—垫圈；20—沉头螺钉；21—地脚螺栓

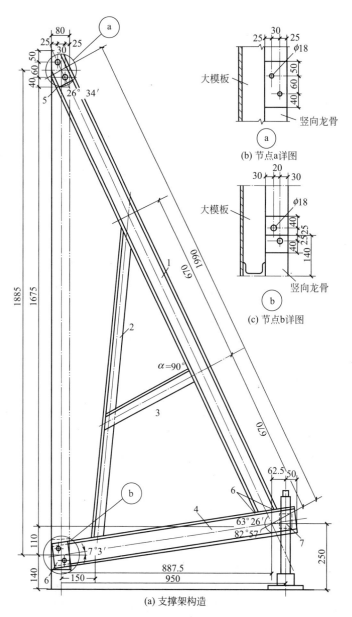

(b) 节点a详图

(c) 节点b详图

(a) 支撑架构造

图 2-6　支撑架

1—槽钢；2,3—角钢；4—下部横杆槽钢；5—上加强板；6—下加强板；7—地脚螺栓三角支架下端横向槽钢的端部布置一个地脚螺栓（图 2-7），用来调整模板的垂直度并保证模板的竖向稳定。

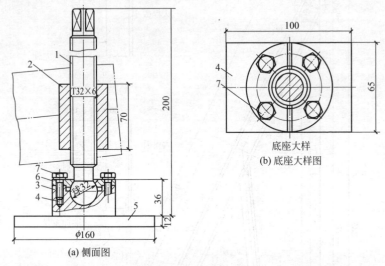

(a) 侧面图

(b) 底座大样图

图 2-7 支撑架地脚螺栓

注：T32×6—梯形螺纹的规格

1—螺杆；2—螺母；3—盖板；4—底座；5—底盘；6—弹簧垫圈；7—螺钉

（3）操作平台 操作平台系统由操作平台、护身栏、铁爬梯等部分组成。

（4）模板连接件 模板连接件包括穿墙螺栓、塑料套及上口卡子。

① 穿墙螺栓与塑料套管。穿墙螺栓是承受混凝土侧压力、增强板面结构的刚度、控制模板间距（即墙体厚度）的重要配件，它将墙体两侧大模板连接为一体。

为了避免墙体混凝土与穿墙螺栓黏结，在穿墙螺栓外部套一根硬质塑料管，其长度和墙厚相同，两端顶住墙模板，内径比穿墙螺栓直径大 3～4mm。这样在拆模时，既确保了穿墙螺栓的顺利脱出，又可在拆模后将套管抽出，有利于重复使用，如图 2-8 所示。

② 上口卡子。上口卡子设置在模板顶端，与穿墙螺栓上下对直，其作用和穿墙螺栓相同。直径为 ϕ30，依据墙厚不同，在卡

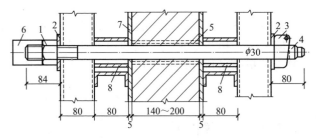

图 2-8 穿墙螺栓构造

1—螺母；2—垫板；3—板销；4—螺杆；5—塑料套管；

6—螺纹保护套；7—模板；8—加强管

子的一端车上不同距离的凹槽，以利于与卡子支座相连接，如图 2-9(a)所示。

卡子支座用槽钢或钢板焊接而成，焊在模板顶端，如图 2-9(b)所示，支完模板后将上口卡子放入支座内。

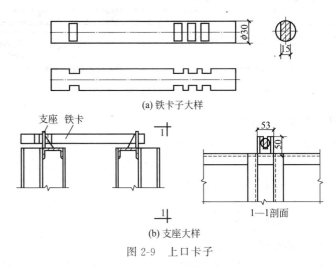

(a) 铁卡子大样

(b) 支座大样

图 2-9 上口卡子

(5) 模数条及其连接方法　模数条模板基本尺寸有 30cm 和 60cm 两种，也可根据需要做成非模数的模板条。模数条的结构和大模板基本一致。在模数条与大模板的连接处的横向龙骨上钻好连接螺孔，然后用角钢或槽钢将两者连接为一体，如图 2-10(a)

所示。

采用这种模数条，可以使普通大模板的适应性提高，在内墙施工的丁字墙处及大模板全现浇工程的内外墙交接处，均可采用这种办法解决模板的适应性问题。图 2-10（b）为丁字墙处的模板做法。

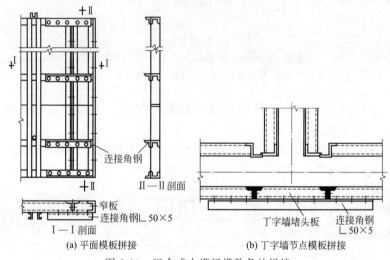

(a) 平面模板拼接　　　　　　(b) 丁字墙节点模板拼接

图 2-10　组合式大模板模数条的拼接

2.1.3　拼装式大模板

拼装式大模板是将面板、骨架、支撑系统均采用螺栓或销钉连接固定组装成的大模板。这种大模板比组合式大模板拆改便捷，也可减少因焊接而产生的模板变形问题。

（1）全拆装大模板　全拆装式大模板（图 2-11）是由板面结构、支撑系统及操作平台三个部分组成。各部件之间的连接不是焊接，而是全部通过螺栓连接。

这种全装拆式大模板，因为面板采用钢板或胶合板等木质面板，板块较大，中间接缝少，所以浇筑的混凝土墙面光滑平整。

（2）用组合式模板拼装大模板　这种模板是使用组合钢模板或者钢框胶合板模板作为面板，以管架或型钢作为横肋和竖肋，用角钢（或槽钢）作上下封底，用螺栓与角部焊接作连接固定，如

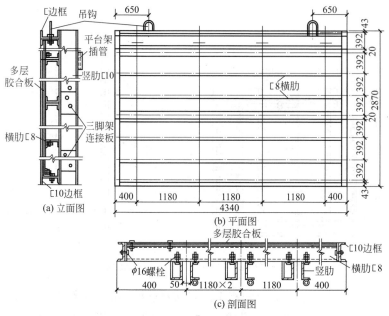

(a) 立面图

(b) 平面图

(c) 剖面图

图 2-11　拼装式大模板

图 2-12 所示。它的优点是板面模板可以因地制宜，就地取材。大模板拆散后，板面模板仍可当作组合模板使用，有利于降低成本。

①　用组合式钢模板拼装大模板。用组合式钢模板拼装大模板（图 2-13）是用组合钢模板拼装的大模板。竖肋采用 $\phi48$ 钢管，每组两根，成对布置，间距视钢模的长度而定，但最大间距不应超过 1.2m。横向龙骨设上、中、

图 2-12　拼装大模板的施工

下三道，每道用两根 [8 槽钢，槽钢之间使用 8mm 厚钢板作连接板，龙骨和模板用 $\phi12$ 钩头螺栓和模板的肋孔连接。底部用 L60×6 封底，并用 $\phi12$ 螺栓与组合钢模板连接，这样就使整个板面兜住，避免吊装和支模时底部损坏。大模板背面用钢管作支架和操作平台，中间的连接可以采用钢管扣件，如图 2-14 所示。

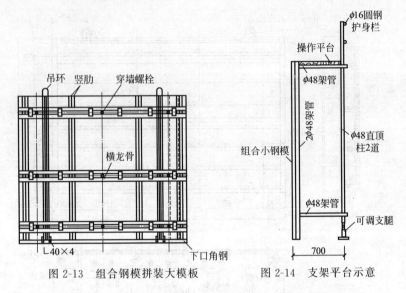

图 2-13　组合钢模拼装大模板　　　图 2-14　支架平台示意

为了防止在组合钢模板上随意钻穿墙螺栓孔，可在水平龙骨位置处，用匚10轻型槽钢或10cm宽的组合钢模板作为水平向穿墙螺栓连接带，其缝隙用环氧树脂胶泥嵌缝，如图2-15所示。

纵横墙之间的模板连接，用∟160×8角钢制成角模，来解决纵横墙同时浇筑混凝土的问题，如图2-16所示。

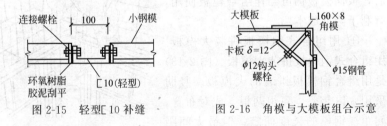

图 2-15　轻型匚10补缝　　　图 2-16　角模与大模板组合示意

用这种方法组装成的大模板，可以明显降低钢材用量和模板质量，并可节省加工周期及加工费用。与采用组合钢模板浇筑墙体混凝土相比，能显著提高工效。

② 用钢框胶合板模板拼装的大模板。因为钢框胶合板模板的钢框为热轧成型，并带有翼缘，刚度较好，组装大模板时能够省去竖向龙骨，直接将钢框胶合板与横向龙骨组装拼接。横向龙骨为两

根[12槽钢，以一端采用螺栓，另一端为带孔的插板和板面相连，如图 2-17 所示。

大模板的上下端采用∟65×4角钢与槽钢进行封顶和兜底，板面结构如图 2-18 所示。

为了不在钢框胶合板板面上钻孔，同时又能解决穿墙螺栓安装问题，应设置一条 10cm 宽的穿墙螺栓板带。该板带的四框和模板钢框的厚度相同，使与模板连接为一体，板带的板面采用钢板。

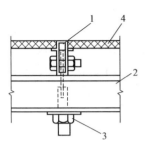

图 2-17　模板与拉接横梁连接

1—模板钢框；2—拉接横梁；

3—插板螺栓；4—胶合板板面

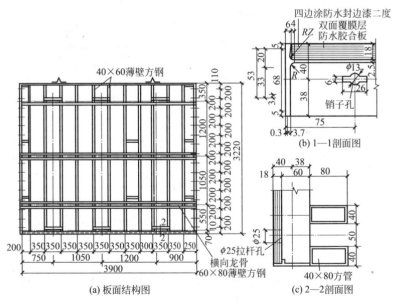

(a) 板面结构图　(b) 1—1剖面图　(c) 2—2剖面图

图 2-18　钢框胶合板模板拼装的大模板

角模用钢板制成，尺寸为 150mm×150mm，上下布置数道加劲肋，与开间方向的大模板用螺栓连接固定在一起，另一侧和进深方向的大模板采用伸缩式搭接连接，如图 2-19 所示。

模板的支撑采用门形架。门架的前立柱是槽钢，用钩头螺栓和横向龙骨连接。其余部分用 $\phi 48$ 钢管组成；后立柱下端设置地脚螺栓，用以调整模板的垂直度。门形架上端铺设脚手板，形成操作平台。门形架上部可以接高，以满足不同墙体高度的施工。门形架构造如图 2-20 所示。

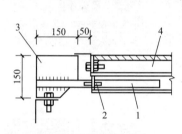

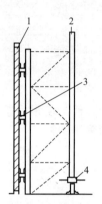

图 2-19　角模断面图

1—活动拉杆；2—销孔；3—角模；

4—钢框胶合板模板

图 2-20　支撑门形架

1—钢框胶合板模板；2—门形架；

3—拉接横梁；4—可调支座

2.1.4　筒形模板

筒形大模板是将一个房间或电梯中筒的两道、三道或四道墙体的大模板，通过固定架及铰链、脱模器等连接件，组成一组大模板群体。

（1）组合式铰接筒形模板　组合式铰接筒形模板，以铰链式角模进行连接，各面墙体配以钢框胶合板大模板，如图 2-21 所示。

① 铰接式筒形模板的构造。组合式铰接筒模是由组合式模板组合成大模板、铰接式角模、脱模器、横竖龙骨、悬吊架及紧固件组成，如图 2-22 所示。

② 铰接式筒模的组装。

a. 按照施工栋号设计的开间、进深尺寸进行配模设计与组装。组装场地要平整坚实。

b. 组装时先由角模开始按照顺序连接，注意对角线找方。先

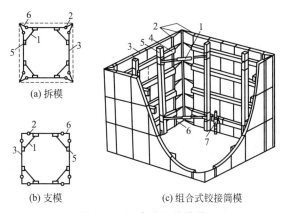

(a) 拆模

(b) 支模

(c) 组合式铰接筒模

图 2-21 组合式铰接筒模

1—脱模器；2—铰链；3—模板；4—横龙骨；5—竖龙骨；6—三角铰；7—支脚

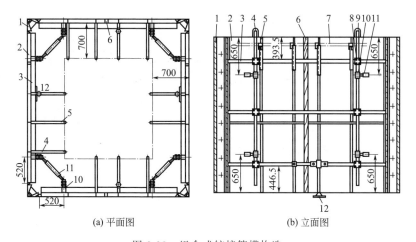

(a) 平面图

(b) 立面图

图 2-22 组合式铰接筒模构造

1—铰接角模；2—组合式模板；3—横龙骨（□50×100）；4—竖龙骨（□50×100）；
5—轻型悬吊撑架；6—拼条；7—操作平台脚手架；8—方钢管管卡；9—吊钩；
10—固定支架；11—脱模器；12—地脚螺栓支脚

安装下层模板，形成筒体，再依次安装上层模板，并及时安装横向龙骨与竖向龙骨。用地脚螺栓支脚进行调平。

c. 安装脱模器时，必须注意四角与四面大模板的垂直度，可以通过变动脱模器（放松或旋紧）调整好模板位置，或使用固定板先将复式角模位置固定下来。当四个角全部调到垂直位置后，用四道方钢管围拢，再用方钢管卡固定，使铰接筒模成为一个刚性的整体。

d. 安装筒模上部的悬吊撑架，铺脚手板，以利于施工人员操作。

e. 进行调试。调试时脱模器应收到最小限位，即角部移开42.5mm，四面墙模可移进141mm。等到运行自如后再行安装。

（2）滑板平台骨架筒模　滑板平台骨架筒模，是由装有连接定位滑板的型钢平台骨架，将井筒四周大模板组成单元筒体，通过定位滑板上的斜孔和大模板上的销钉相对滑动，来实现筒模的支拆工作（图2-23）。

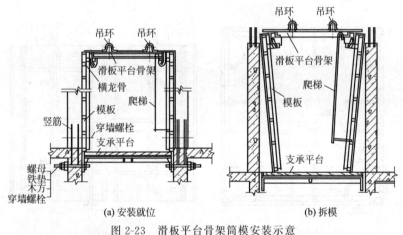

图 2-23　滑板平台骨架筒模安装示意

滑板平台骨架筒模由滑板平台骨架、大模板、角模及模板支承平台等组成。根据梯井墙体的具体情况，可设置三面大模板或四面大模板。

① 滑板平台骨架。滑板平台骨架是连接大模板的基本构架，也是施工操作平台，它安装有自动脱模的滑动装置。平台骨架由[12槽钢焊接而成，上盖1.2mm厚钢板，出入人孔旁安装爬梯，骨架四角焊有吊环，如图2-24所示。

连接定位滑板是筒模整体支拆的关键部件。

② 大模板。采用[8 槽钢或□50×100×2.5 薄壁型钢作为骨架，焊接 5mm 厚钢板或用螺栓连接胶合板。

③ 角模。按照一般大模板的角模配置。

④ 支承平台。支承平台是井筒中支承筒模的承重平台，用螺栓固定在井壁上。

（3）电梯井自升筒模　这种模板的特点是将模板和提升机具及支架结合为一体，具有构造简单合理、操作简便以及适用性强等特点。

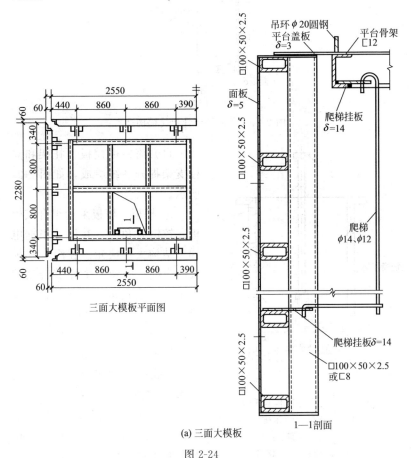

三面大模板平面图

1—1剖面

(a) 三面大模板

图 2-24

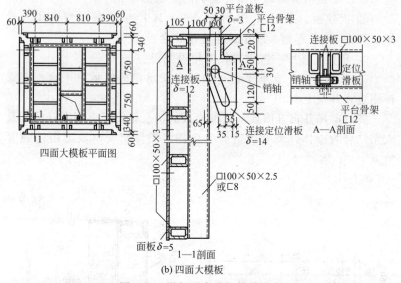

四面大模板平面图

(b) 四面大模板

图 2-24   滑板平台骨架筒模构造

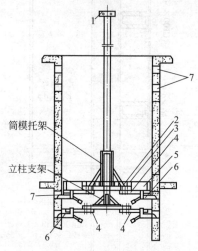

图 2-25   电梯井筒模自升机构

1—吊具；2—面板；3—木枋；4—托架
调节梁；5—调节丝杠；
6—支腿；7—支腿洞

自升筒模由模板、托架和立柱支架提升系统组成，如图 2-25 所示。

① 模板。模板采用组合式模板和铰链式角模，其尺寸根据电梯井结构大小决定。在组合式模板的中间，安装一个能够转动的直角形铰接式角模，在装、拆模板时，使四侧模板可进行移动，以达到安装与拆除的目的。模板中间设置花篮螺栓退模器，供安装、拆除模板时使用。模板的支设和拆除情况如图 2-26 所示。

② 托架。筒模托架由型钢焊接而成，如图 2-27 所示。托架上面布置木枋和脚手板。托架

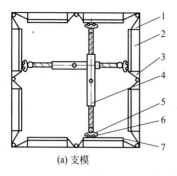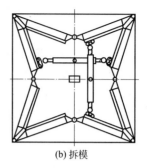

(a) 支模   (b) 拆模

图 2-26 自升式筒模支拆示意

1—四角角模；2—模板；3—直角形铰接式角模；4—退模器；

5—3 形扣件；6—竖龙骨；7—横龙骨

是支承筒模的受力部件，必须坚固耐用。托架和托架调节梁用 U 形螺栓组装在一起，并通过支腿支撑在墙体的预留孔中，形成一个模板的支承平台与施工操作平台。

③ 立柱支架及提升系统。立柱支架用型钢焊接而成，如图 2-28 所示。其构造形式和上述筒模托架类似。它是由立柱、立柱支架、支架调节梁和支腿等部件组成。支架调节梁的调节范围必须和托架调节梁相一致。立柱上端起吊梁上安装一个手拉葫芦，起重量是 2~3t，用钢丝绳与筒模托架相连接，形成筒模的提升系统。

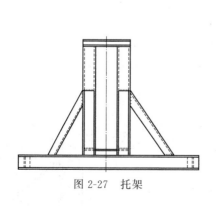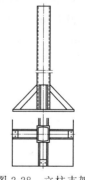

图 2-27 托架   图 2-28 立柱支架

2.1.5 外墙大模板

用于全现浇结构的外墙大模板的构造和组合式大模板基本相同。

（1）保证外墙面平整的措施 外墙大模板应着重解决水平接缝与层间接缝的平滑过渡问题，以及大角的垂直方正问题。

① 大模板的水平接缝处理。可以采用平接、企口接缝处理，即在相邻大模板的接缝处，拉开 2～3cm 距离，中间使用梯形橡胶条、硬塑料条或∟30×4 的角钢作堵缝，用螺栓和两侧大模板连接固定，如图 2-29 所示。这样既可以避免接缝处漏浆，又可使相邻开间的外墙面存在一个过渡带，拆模后可以作为装饰线条，也可以用水泥砂浆抹平。

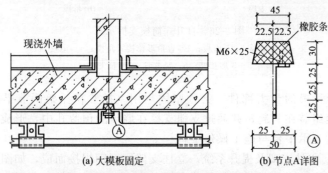

(a) 大模板固定　　(b) 节点A详图

图 2-29　外墙外侧大模板垂直接缝构造处理

在模板制作时，相邻大模板可以采用企口对接，如图 2-30 所示。这样既可以确保墙面平整，又解决了漏浆问题。

② 层间接缝处理。

a. 设置导墙。采用外墙模板高于内墙模板，浇筑混凝土时，使外墙外侧高出内侧，形成导墙，如图 2-31 所示。在支上层大模板时，使其大模板紧贴导墙。为避免漏浆，还可在此处加塞泡沫塑料处理。

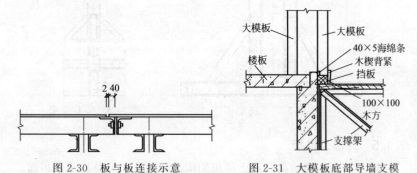

图 2-30　板与板连接示意　　图 2-31　大模板底部导墙支模

b. 模板上下设置线条。常见的做法是在外墙大模板的上端固定一条宽 175mm、厚 30mm 和模板宽度相同的硬塑料板；在模板下部固定一条宽 145mm、厚 30mm 的硬塑料板，为了避免漏浆，利用下层的墙体作为上层大模板的导墙。在大模板底部连接固定一根［12 槽钢，槽钢外侧固定一根宽 120mm、厚 32mm 的橡胶板，如图 2-32 和图 2-33 所示。连接塑料板与橡胶板的螺栓必须拧紧，固定牢

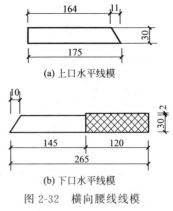

图 2-32　横向腰线线模

靠。这样浇筑混凝土后的墙面形成两道凹槽，既可作为装饰线，也可抹平。

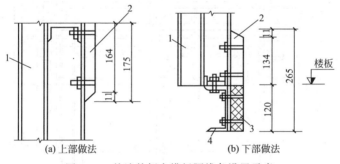

图 2-33　外墙外侧大模板腰线条设置示意

1—模板；2—硬塑料板；3—橡胶板；4—连接槽钢

c. 大角方正问题的处理。为了确保外墙大角的方正，关键是角模处理，必要时可使用机加工刨光角模。图 2-34 为大角模组装示意图，图 2-35 为小角模固定示意图。要确保角模刚度好、不变形，与两侧大模板紧紧地连接在一起。

（2）外墙门窗口模板构造与设置方法　外墙大模板需解决门窗洞口模板的设置，既要解决设置门窗洞口模板后大模板刚度受到削弱的问题，还要避免支、拆和浇筑混凝土的问题，使浇筑的门窗洞口阴阳角方正，不位移、不变形。常见的做法如下所述。

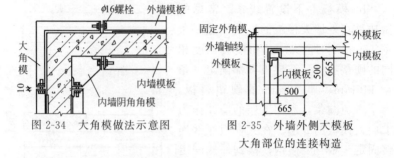

图 2-34　大角模做法示意图　　　　图 2-35　外墙外侧大模板
　　　　　　　　　　　　　　　　　　　　大角部位的连接构造

　　① 将门窗洞口部位的模板骨架取掉，按照门窗洞口的尺寸，在骨架上做一边框，与大模板焊接为一体（图 2-36）。门窗洞口应在内侧大模板上开设，以便在振捣混凝土时方便进行观察。

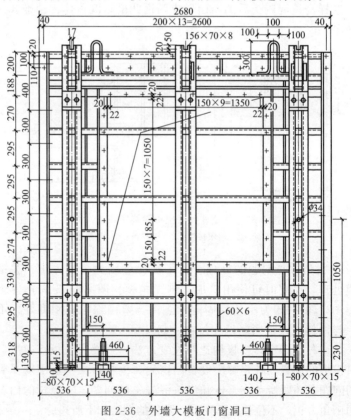

图 2-36　外墙大模板门窗洞口

②　保存原有的大模板骨架，将门窗洞口部位的钢板面取掉。同样做一个型钢边框，并采取下列两种方法支设门洞模板。

a. 散支散拆。按照门窗洞口尺寸加工好洞口的侧模和角模，钻好连接销孔。在大模板的骨架上按照门窗洞口尺寸焊接角钢边框，其连接销孔位置应与门窗洞口模板上的销孔一致（图 2-37）。支模时将各片

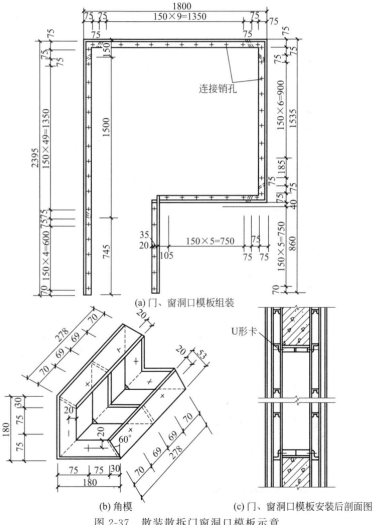

(a) 门、窗洞口模板组装

(b) 角模　　　　(c) 门、窗洞口模板安装后剖面图

图 2-37　散装散拆门窗洞口模板示意

模板和角模按照门窗洞口尺寸组装好，并用连接销将门窗洞口模板和钢边框连接固定。拆模时先拆侧帮模板，上口模板应保留至规定的拆模强度时才能拆除，或在拆模后加设临时支撑。

b. 板角结合形式。将门窗洞口的各侧面模板用钢铰合页固定在大模板的骨架上，各个角部用等肢角钢制成专用角模，形成门窗洞口模板。支模时用支撑杆将各侧侧模支撑到位，然后布置角模，角模与侧模采用企口连接，如图 2-38 所示。拆模时先拆侧模，再拆角模。

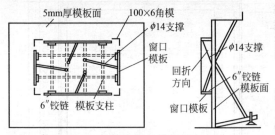

图 2-38　外墙窗洞口模板固定方法

c. 独立式门窗洞口模板。将门窗洞口模板采用板角结合的形式一次加工成型。模板框用 5cm 厚木板做成，为方便拆模，外侧用硬塑料板做贴面，角模用角钢制成，如图 2-39 所示。支模时将

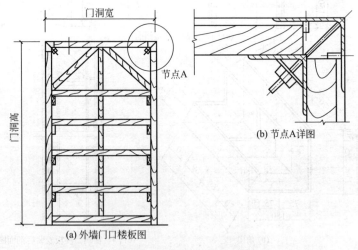

图 2-39　独立式门窗洞口模板

组装好的门窗洞口模板整体就位，用两侧大模板将其夹紧，同时用螺栓固定。洞口上侧模板还可以用木条做成滴水线槽模板，一次将滴水槽浇筑成型，以降低装修工作量。

（3）装饰混凝土衬模　为了丰富现浇外墙的质感，可以在外墙外侧大模板的表面设置带有不同花饰的聚氨酯、玻璃钢、型钢、塑料、橡胶等材料制作的衬模，塑造成混凝土表面的花饰图案，起到装饰效果。

衬模材料应货源充裕、易于加工制作、安装简便；同时，要有良好的物理及机械性能，耐磨、耐油、耐碱，化学性能稳定、不易变形，并且可以周转使用多次。常用的衬模材料包括如下几种。

① 铁木衬模。铁木衬模是用 1mm 厚薄钢板轧制成凹凸型图案，用机螺栓固定在大模板表面。为避免凸出部位受压变形，需在其内垫木条，如图 2-40 所示。

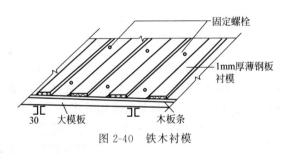

图 2-40　铁木衬模

② 聚氨酯衬模。聚氨酯衬模有两种做法：一种是预制成型，按照设计要求制成带有图案的片状预制块，然后粘贴在大模板上；另一种做法是在现场制作，将大模板平放，清除板面杂质及浮锈后先涂刷聚氨酯底漆，厚度为 0.5～1.2mm，再按图案设计涂刷聚氨酯面漆，等到固化后即可使用。这种做法多做成花纹图形。

③ 角钢衬模。用∟30×30 角钢焊在外墙外侧大模板表面（图 2-41）。焊缝应磨光，角钢端部接头、角钢与模板的缝隙以及板面不平整处，都要用环氧树脂嵌填、刮平、磨光，晾干后再涂刷两遍环氧清漆。

④ 铸铝衬模。用模具铸造成形，可以制成各种花饰图案的板块，将它用机螺钉固定在模板上。这种衬模可以来回多次使用，图

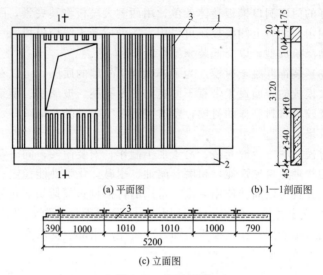

(a) 平面图　　　　　　　(b) 1—1剖面图

(c) 立面图

图 2-41　角钢衬模

1—上口腰线（水平装饰线）；2—下口腰线（水平装饰线）；3—∟30×30 角钢竖线衬模

案磨损后，还可以重新铸造成形。

⑤ 橡胶衬模。由于衬模要经常接触油类隔离剂，应选用耐油橡胶制作衬模。通常在工厂按图案要求辊轧成形（图 2-42），在现场安装固定。线条端部宜做成 45°斜角，以利于脱模。

图 2-42　橡胶衬模

⑥ 玻璃钢衬模。玻璃钢衬模是采用不饱和树脂作为主料，加入耐磨填料，在设计好的模具上分层裱糊成形，固定 24h 后脱模。在进行固化处理后，才能使用。它是用螺栓固定在模板板面。玻璃钢衬模可以制成各种花饰图案，耐油、耐磨、耐碱，周转使用次数可达 100 次以上。

（4）外墙大模板的移动装置　因为外墙外侧大模板采用装饰混凝土的衬模，为了避免拆模时碰坏装饰图案，可在外墙外侧大模板底部布置轨枕和移动装置。

　　移动装置（又称滑动轨道）设置在外侧模板三角架的下部（图 2-43），每根轨道上安装有顶丝，大模板位置调整后，用顶丝将地脚盘顶住，避免前后移动。滑动轨道两端滚轴位置的下部，各设置一个轨枕，内装与轨道滚动轴承方向垂直的滚动轴承。轨道坐落于滚动轴承上，可左右移动。滑动轨道与模板地脚连接，通过模板后支架和模板同时安装或拆除。这样，在拆除大模板时，可以先将大模板做水平移动，既便于拆模，又可防止碰坏装饰混凝土。

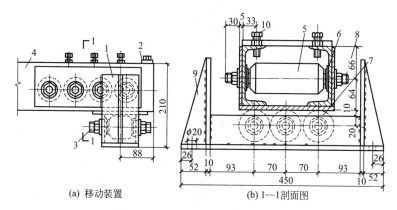

(a) 移动装置　　　　　　　　(b) 1—1剖面图

图 2-43　模板滑动轨道及轨枕滚轴

1—支架；2—端板；3,8—轴辊；4—活动装置骨架；5,7—轴滚；
6—垫板；9—加强板；10—螺栓顶丝

　　（5）外墙大模板的支设平台　解决外墙大模板的支设问题是全现浇混凝土结构工程的关键技术。其主要包括以下两种形式。

　　① 三角挂架支设平台。三角挂架支设平台是由三角挂架、平台板、护身栏和安全立网组成，如图 2-44 所示。它是安放外墙外侧大模板、进行施工操作及安全防护的重要设施。

　　外墙外侧大模板在有阳台的部位时，可以设置在阳台板上。

　　三角挂架是承受大模板和施工荷载的部件，必须确保有足够的强度和刚度，安装拆除便捷。各种杆件用 2 根∟50×50 的角钢焊接而成。每个开间布置 2 个，用 $\phi40$ 的 L 形螺栓固定在下层的外墙上，如图 2-44 所示。

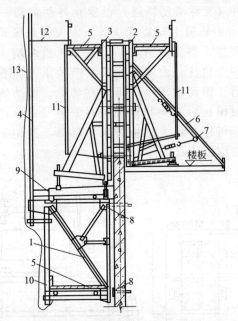

图 2-44 三角挂架支模平台

1—三角挂架；2—外墙内侧大模板；3—外墙外侧大模板；4—护身栏；5—操作平台；
6—防侧移撑杆；7—防侧移位花篮螺栓；8—L形螺栓挂钩；9—模板支承滑道；
10—下层吊笼吊杆；11—上人爬梯；12—临时拉结；13—安全网

平台板用型钢做大梁，上面焊接钢板或满铺脚手板，宽度和三角挂架一致，以满足支模和操作的需要。在三角挂架外侧设置可供两个楼层施工用的护身栏和安全网。为了便于施工，还可在三角挂架上做成上下两层平台，上层供结构施工使用，下层供墙面修理使用。

②利用导轨式爬架支设大模板。导轨式爬架由爬升装置，桁架、扣件架体以及安全防护设施组成。在建筑物的四周设置爬升机构，由安装在剪力墙上的附着装置外侧安装架体，它利用导轮组通过导轨进行安装，导轨上部安装提升倒链，架体靠着导轮沿轨道上下运动，从而完成导轨式爬架的升降。架体由水平承力桁架和竖向主框架及钢管脚手架搭设形成。宽为 0.9m，距墙 0.4～0.7m，架体高度不小于 4.5 倍的标准层层高。架体上设置控制室，内设配电

柜,并用电缆线与每一个电动捯链连接。电动捯链动力为 $500\sim$
$750W$,升降速度为 $9cm/min$。

这种爬架铺设三层脚手板,可供上下三个楼层施工使用,每层
施工允许荷载 $2kN/m^2$。脚手板距墙 $20cm$,最下一层的脚手板和
墙体空隙用木板及合页做成翻板,以免施工人员及杂物坠落伤人。
架体外侧满挂安全网,在每个施工层安装护身栏。图 2-45 为导轨
式爬架安装立面。

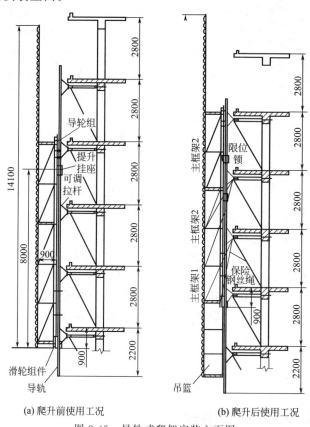

(a) 爬升前使用工况　　　　　(b) 爬升后使用工况

图 2-45　导轨式爬架安装立面图

导轨式爬架必须与支模三角架配套使用。导轨爬架的最上层放
置大模板的三角支架,并设有施工平台。支模三角架承受大模板的
竖向荷载,如图 2-46 所示。

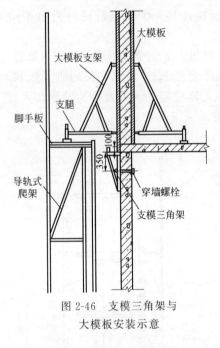

图 2-46　支模三角架与
大模板安装示意

当导轨式爬架用于上升时可供结构施工安装大模板，下降时又可作为外檐施工的脚手架。

导轨式爬架的提升工艺流程为：墙体拆模→拆装导轨→转换提升挂座位置→挂好电动捯链→检查验收→同步提升50mm→挂除限位锁、保险钢丝绳→同步提升一个楼层的高度→固定支架、保险绳→施工人员上架施工。

爬架的提升时间以混凝土强度为依据，常温时通常在浇筑混凝土之后 2～3d。爬架下降时，要考虑爬架的安装周期，通常控制在 2d 以上。

爬架在升降前应检查所有的扣件连接点是否紧固，约束是否解除，导轨是否垂直，防坠套环是否套住提升钢丝绳。在升降过程中，需保持各段桁架的同步，当行程高差超过 50mm 时，应停止爬升，调平后再行升降。爬架升降就位后，将限位锁安装至合适位置，挂好保险钢丝绳。升降完毕投入使用前，需检查所有扣件是否紧固，限位锁与保险绳能否有效地传力，临边防护是否等位。

对配电框应做好防雨防潮措施，对电源线路和接地情况也要随时进行检查。

2.2　大模板的组装

大模板的组装方案取决于结构体系。在建筑工程施工中，大模板常用的组装形式有平模板组装、小角模组装和大角模组装等。

（1）平模板组装　平模板组装方案的主要特点是按一墙面尺寸

做成大模板，应用在"内浇外挂"或"内浇外砌"的结构。如果内外墙全部现浇混凝土，应当分两次进行浇筑，通常是先浇筑横向墙体，拆除模板后再安装纵向墙体模板并浇筑混凝土。

由于平模板组装方案装拆方便、加工简易、通用灵活、墙面平整、墙体方正，在大模板施工中其是首选的组装方案。但是，这种组装方案工序繁多，同一作业面上占用时间长，纵向和横向墙体之间有竖直施工缝，墙体的整体性相对较差。

在进行组装的操作中，平模板端部连接非常重要，其连接方法如图 2-47 所示。

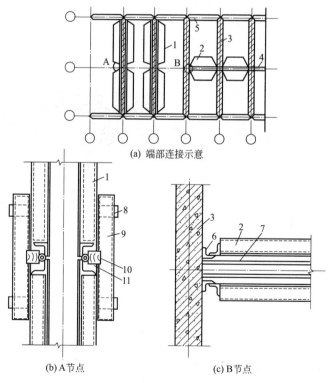

(a) 端部连接示意

(b) A节点　　　　　　(c) B节点

图 2-47　平模板端部节点示意

1—横墙板平模；2—纵墙板平模；3—横墙；4—纵墙；5—预制外墙板；6—补缝隙角模板；7—拉结钢筋；8—夹板支架；9—夹板；10—木楔；11—钢管

（2）**小角模组装** 为了使纵横墙体同时进行浇筑，增加墙体的整体性，可在平模板的交角处附加一个小角模，将四面墙体的平模板连接成为一个整体，这样纵横墙体可同时完成混凝土的浇筑工作。

小角模模板方案是以平模板为主，转角处使用∟100×10的角钢，其连接方式如图2-48所示。小角模模板方案的优点是：模板的整体性好，纵横墙体可同时浇筑混凝土，施工方便而且速度快，增加墙体的抗震性能。但是，小角模模板的拼缝多，加工精度要求较高，模板安装比较困难，墙角方正不易保证，修补工作量较大，大部分工序靠人工操作，工人的劳动强度大。

（3）**大角模组装** 大角模组装方案，即一个房间四面墙的内模板用四个大角模组装而成，从而使内墙模板成为一个封闭体系，如图2-49所示。

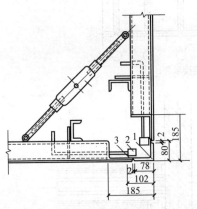

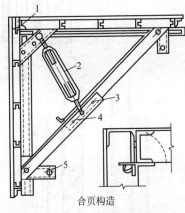

合页构造

图2-48 小角模连接示意

1—小角模；2—偏心压杆；3—合页

图2-49 大角模连接示意

1—合页；2—花篮螺栓；3—固定销子；

4—活动销子；5—调整用螺旋千斤顶

大模板的两肢（即两边的平模板）可绕着铰链转角。沿着高度方向安装三道由∟90×9角钢组成的支撑杆，作为大角模模板的控制机构。支撑杆用花篮螺栓和角部相连，正反转动花篮螺栓可改变两肢的角度，特别适用于全现浇的钢筋混凝土墙体。

大角模模板的宽度为 1/2 开间墙面的净宽减去 5mm。当四面墙体都用大角模模板时，进深墙面不足的部分，应当用平模板将其补齐。

大角模模板的优点是：模板的稳定性很好，纵横墙体可以同时浇筑，墙体结构的整体性好。缺点是：在模板相交处如组装不平整，会在墙壁中部出现凹凸线条，两块角模板的拼缝不易调整，如果拼装偏差较大，墙面平整度则较差，导致维修比较困难，模板拆除也比较费劲。目前，在实际工程中很少采取这种组装方案，其已逐渐被以平模板和小角模模板为主的构造形式所取代。

2.3 大模板的施工

2.3.1 大模板的施工工艺流程

大模板的施工工艺，主要可分为内浇外挂施工、内浇外砌施工和内外墙全部现浇施工三种。这三种施工工艺各具有不同的特点和方法。

（1）内浇外挂施工工艺 内浇外挂施工工艺是建筑物外墙为预制钢筋混凝土板，内墙为大模板现浇钢筋混凝土承重墙，也是现浇与预制相结合的一种剪力墙结构。

内浇外挂施工工艺的特点为：外墙混凝土板在工厂预制时，保温层与外墙装饰层一般已完成，不需要在高空进行外墙的装修；内墙现浇可以保证结构的整体性。但是，这种施工工艺用钢量较大、造价较高，且受预制厂生产的影响，墙板在运输、堆放中问题较多，吊装工程量大。

内浇外挂施工工艺流程如图 2-50 所示。

（2）内浇外砌施工工艺 内浇外砌施工工艺和内浇外挂施工工艺不同，建筑物外墙为砖砌体或其他材料砌体，内墙为大模板现浇钢筋混凝土承重墙，外墙和内墙通过钢筋拉结成为一个整体，现浇内墙与外墙砌体也可采用构造柱连接。

内浇外砌施工工艺技术上比较简单，施工中操作简单，钢材和水泥用量比内外墙全部现浇、内浇外挂工艺都少，工程造价相应也

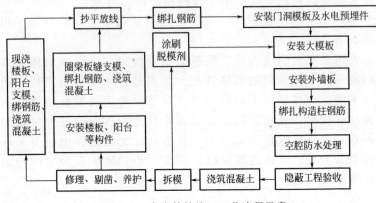

图 2-50   内浇外挂施工工艺流程示意

比较低。但是这种工艺手工作业多，施工速度慢，通常用于多层建筑工程中。内浇外砌施工工艺流程如图 2-51 所示。

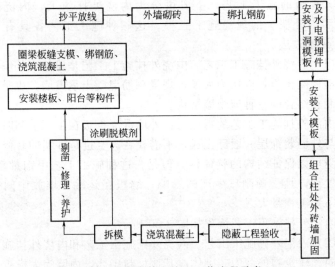

图 2-51   内浇外砌施工工艺流程示意

（3）内外墙全部现浇施工工艺   内外墙全现浇施工工艺，两者可以全部使用普通混凝土一次浇筑成形，再用高效保温材料做外墙内保温处理，或内墙外保温处理，从而达到舒适和节能的目的。这是一种常见的传统施工工艺。

在一些情况下，也可以内墙使用普通混凝土浇筑，外墙使用热工性能良好的轻集料混凝土浇筑。这种施工工艺宜先浇筑内墙混凝土，然后再浇筑外墙混凝土，同时在内外墙交接处做好连接处理。

工程实践证明，内外墙全现浇施工工艺，可以一起安装大模板并浇筑混凝土，这种施工方案施工缝隙少，墙体的整体性强，施工工艺比较简单，工程造价比较低，但所用的模板型号比较多，且周转比较慢。内外墙全现浇施工工艺流程如图 2-52 所示。

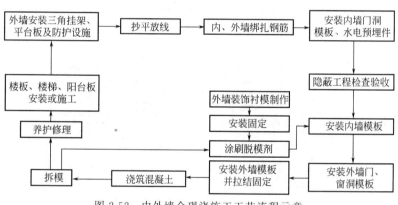

图 2-52　内外墙全现浇施工工艺流程示意

2.3.2　大模板的安装

2.3.2.1　内墙大模板的安装工艺

① 在正式安装大模板之前，内墙中所配置的钢筋必须绑扎完毕，水电、管线等预埋管件必须安装就位，并且经过检查全部合格。内浇外砌的墙体在安装大模板之前，外墙砌筑、内墙绑扎钢筋及水电预埋管件的埋设等工序也必须完成，经过检查全部合格。

② 在正式安装大模板之前，必须做好模板安装部位的找平和放线工作，并且在大模板下部抹好找平层砂浆，依据放线位置进行大模板的安装就位。

③ 在安装大模板时，必须按照施工组织设计中规定的顺序，

使模板对号入座吊装就位。通常先从第二个房间开始，安装一侧内墙（横墙）模板并调整垂直，并放入穿墙螺栓及塑料套管后，再安装另一侧内墙（横墙）模板，经调整垂直和确定墙宽后，即可旋紧穿墙螺栓。横向墙的大模板安装完毕后，再安装纵向墙的大模板，并做到安装一间，固定一间。

④ 在安装大模板过程中，关键要做好各节点部位的处理，主要包含外（山）墙节点的处理、十字形内墙节点的处理、错位墙处节点的处理和流水段分段处的处理等。

a. 外（山）墙节点的处理。外墙节点的处理，可采用活动式角模板；山墙节点的处理，可使用 85mm×100mm 木枋解决组合柱的支模问题。外（山）墙节点模板安装如图 2-53 所示。

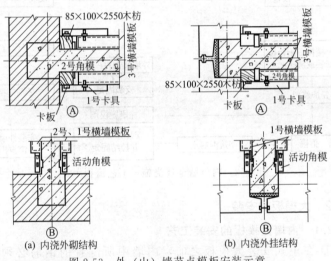

(a) 内浇外砌结构   (b) 内浇外挂结构

图 2-53　外（山）墙节点模板安装示意

A—山墙节点；B—外墙节点

b. 十字形内墙节点的处理。十字形内墙节点的处理比较容易，可将纵向墙体与横向墙体大模板直接连接成为一体。十字形内墙节点模板的安装如图 2-54 所示。

c. 错位墙处节点的处理。错位墙处节点的模板安装比较复杂，既要使穿墙螺栓顺利固定，又要使模板的连接处缝隙严密，在浇筑混凝土时不在此处出现漏浆。错位墙处节点模板的安装如图 2-55 所示。

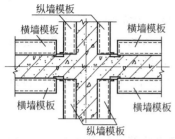

图 2-54　十字形内墙节点模板的安装

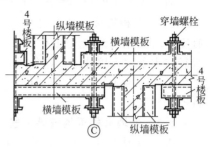

图 2-55　错位墙处节点模板的安装

d. 流水段分段处的处理。前一流水段在纵向墙体的外端使用木枋作为堵头模板，可在后一流水段纵向墙体安装模板时用木枋作为补模。流水段分段处模板的安装如图 2-56 所示。

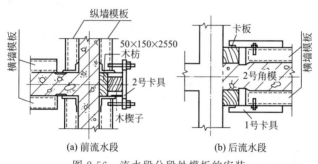

(a) 前流水段　　　　　　(b) 后流水段

图 2-56　流水段分段处模板的安装

⑤ 拼装式组合大模板。在安装前要认真检查各个连接螺栓是否齐全、拧紧，确保模板的整体性和刚度，使模板变形不超过允许值。

⑥ 大模板的安装必须保证位置准确、立面垂直。安装好的大模板可用双十字靠尺在模板背面检验其垂直度（图 2-57）。当发现模板不垂直时，通过支架下的地脚螺栓进行调节。模板的横向应水平一致，当发现模板不平时，

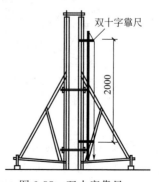

图 2-57　双十字靠尺

也可通过支架下的地脚螺栓进行调节。

⑦ 大模板安装后接缝部位必须严密，避免出现漏浆。当底部有空隙时，应用聚氨酯泡沫条、纸袋或木条塞严。但要注意不能将纸袋与木条塞入墙体内，以免影响墙体的断面尺寸。

⑧ 每面墙体的大模板就位后，要对模板进行拉线调直，再进行连接固定。

2.3.2.2 外墙大模板的安装工艺

内外墙现浇混凝土工程的施工，其内墙部分与内浇外板工程相同，但现浇外墙部分，其工艺有所不同，特别是采用装饰混凝土时，必须保证外墙表面光洁平整、图案新颖、花纹清晰、线条协调、棱角整齐。

① 在安装外墙大模板之前，必须安装三角挂架和平台板。首先利用外墙上的穿墙螺栓孔，插入 L 形连接螺栓，在外墙内侧放好垫板、旋紧螺母，再将三角挂架钩挂在 L 形连接螺栓上，然后在三角挂架上安装平台板；也可以将三角挂架和平台板组装成一体，采取整体组装、整体拆除的方法。当 L 形连接螺栓需要从门窗洞口上侧穿过时，应避免碰坏新浇筑的混凝土，外墙大模板的施工如图 2-58 所示。

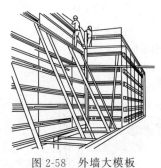

图 2-58　外墙大模板
的施工示意

② 在安装外墙大模板之前，要放好模板的位置线，保证外墙大模板就位准确。如果外墙面为装饰混凝土，应把下层竖向装饰线条的中线，引至外侧模板的下口，作为安装该层竖向的衬模板的基准线，以确保该层竖向线条的顺直。

③ 在外侧大模板底面 10cm 处的外墙上，弹出楼层的水平线，作为内外墙体模板安装和楼梯、阳台、楼梯等预制构件安装的依据。防止因楼板、阳台板出现较大的竖向偏差，导致内外侧大模板难以组合，也防止阳台处外墙水平装饰线条发生错台和门窗洞口错位等现象。

④ 当安装外侧大模板时，应先使大模板的滑动轨道放置在支

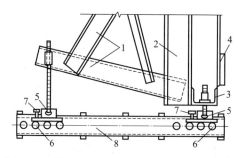

图 2-59 外墙外侧大模板与滑动轨道安装示意
1—三角支撑架；2—大模板竖龙骨；3—大模板横龙骨；4—大模板下端横向腰线衬
模板；5—大模板前后地脚；6—滑动轨道辊轴；7—固定地脚盘螺栓；8—轨道

撑挂架的轨枕上（图 2-59），并先用木楔将滑动轨道和前后轨枕定牢，在后轨枕上放入防止模板向模板倾覆的横向栓，这样才能摘除塔式起重机的吊钩。然后松开固定地脚盘的螺栓，用撬棍轻轻地拨动模板，使其沿滑动轨道滑至墙面设计位置。

⑤ 待调整好模板的高程与位置后，使模板下端的横向衬模板进入墙面的线槽内（安装方法如图 2-60 所示），并紧贴下层的外墙面，避免出现漏浆。待大模板的横向及水平位置均调整好以后，方可拧紧滑动轨道上的固定螺钉，对大模板加以固定。

⑥ 外侧大模板经过校正固定（图 2-61）后，以外侧大模板位置为准，再安装内侧大模板。为了避免大模板产生位移，必须与内墙大模板进行拉结固定。其拉结点应设置在穿墙螺栓位置处，使作用力通过穿墙螺栓传递到外侧大模板，要格外注意防止拉结点位置不当而造成模板产生位移。

⑦ 当外墙采取后浇混凝土时，需在内墙的外端按设计要求预留连接钢筋，用堵头模板将内墙端部封严。

⑧ 外墙大模板上的门窗洞口模板，是外墙大模板安装处理的重点，必须严格按照设计图纸进行操作，做到安装牢固、垂直方正。

⑨ 装饰混凝土衬模板要安装牢固，在大模板正式安装前要进行认真检查，发现松动应及时进行修理，防止在施工中发生位移及变形，也防止在拆除大模板时将衬模拔出。

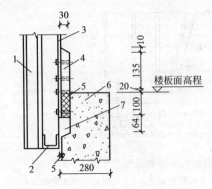

图 2-60 大模板下端横向衬模板安装示意

1—大模板竖龙骨；2—大模板横龙骨；3—大模
板面板；4—硬塑料衬模；5—橡胶板导向
和密封衬模；6—已浇筑外墙；
7—已形成的外墙横向线槽

图 2-61 外侧大模板定位

⑩ 大模板内镶有装饰混凝土衬模板时，宜选用水乳性脱模剂，不得选用油性脱模剂，以免污染墙面，影响墙面的装饰效果。

2.3.2.3 筒形大模板的安装工艺

筒形大模板按其组成与施工方法不同，可分为组合式铰接筒形大模板与自升式筒形大模板等，它们在安装过程中的工艺也是不同的。

① 组合式铰接筒形大模板的安装。

a. 组合式铰接筒形大模板，需在坚实平整的场地上进行组装，组装经检查合格后方可进行安装。

b. 在组装时先由角部模板开始按顺序连接，并注意利用对角线找方正。首先安装下层模板，使其形成筒体，再依次安装上层模板，并及时安装横向龙骨与竖向龙骨，可用底脚螺栓进行调平。

c. 在安装脱模器时，必须格外注意四角和四面大模板的垂直度，可以通过放松或旋紧脱模器来调整模板位置，也可用固定板将复式角模板位置固定下来。当四个角都调整到垂直位置后，用四道方钢管将其围拢，再用方钢管卡固定，使铰接筒形大模板成为一个刚性整体。

d. 铰接筒形大模板形成整体后，可进行上部悬吊撑架的安装，然后在撑架上铺设脚手板，以供施工人员在上面操作。

e. 对安装的铰接筒形大模板系统要进行必要的调试。调试时脱模器要收到最小限位，即角部移开 42.5mm，四面墙体模板可移进 141mm，待一切运行自如后再进行安装。

f. 组装成型的铰接筒形大模板，应达到垂直方正、符合标准的要求，每个角部模板两侧的板面要保持相同，误差不超过 10mm，两对角线长度之差不大于 10mm。

② 自升式筒形大模板的安装。自升式筒形大模板主要适用于电梯井的施工，在施工的过程中可按以下方法和步骤进行安装。

a. 在电梯井的墙壁绑扎钢筋后，即可安装筒形大模板。首先调整好各个连接部件，使这些连接部件都可运转自如，并注意调整好水平标高和筒形大模板的垂直度，模板接缝处一定要严密。

b. 当浇筑混凝土的强度达到 $1N/mm^2$ 时，即可进行脱模。通过花篮螺杆脱模器使模板产生收缩，模板逐渐脱离混凝土表面，再拉动倒链，使筒形大模板及其托架缓慢升起，托架支腿自动收缩。当支腿升至上面的预留孔部位时，在配重的作用下会自动伸入孔中。当支腿进入预留孔后，让支腿稍微上悬，停止拉动倒链。然后找准托架面板与四周墙壁的位置，使其周边缝隙均保持在 30mm。通过拧动调节丝杆使托架面板水平，再将筒形大模板调整就位。

c. 当完成筒形大模板提升就位后，再提升立柱支架。其具体做法是：在筒形大模板的顶部安装专备的横梁，并注意要放置在承力部位，然后在横梁上悬挂倒链，通过钢丝绳和吊钩将立柱和支架慢慢升起，其过程与提升式筒形大模板基本相同。最后将立柱和支架支撑在墙壁的下一排预留孔上，与筒形大模板支架支腿预留孔上下错开一定距离，并将立柱支架找正、找平。自升式筒形大模板的提升过程，如图 2-62 所示。

自升式筒形大模板的提升工艺流程比较简单，主要包括：筒形模板就位和校正→绑扎井壁钢筋→浇筑混凝土→提升平台→抽出筒形模板穿墙螺栓和预留孔模板→吊升筒形模板井架并脱模→吊升筒形大模板及其平台至上一层→筒形模板再次就位和校正。

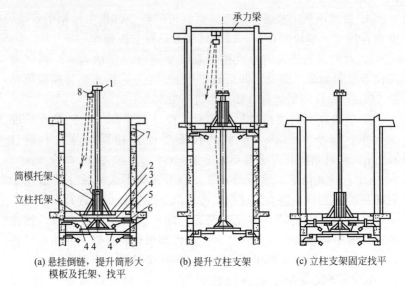

(a) 悬挂倒链，提升筒形大
模板及托架、找平

(b) 提升立柱支架

(c) 立柱支架固定找平

图 2-62   自升式筒形大模板的提升过程

1—起吊梁；2—面板；3—木枋；4—托架调节梁；
5—调节丝杆；6—支腿；7—支腿孔洞；8—倒链

2.3.2.4   门窗洞口模板安装

墙体门窗洞口包括两种做法。一种做法是先立口，即将门窗框在支模时预先留置在墙体的钢筋上，在浇筑混凝土时浇筑在墙内。做法是用木枋或型钢制成带有斜度（1～2cm）的门框套模，夹住安装就位的门框，然后用大模板将套模夹紧，用螺栓固定牢靠。门框的横向用水平横撑加固，以免浇捣混凝土时发生变形、位移。若采用标准设计，门窗洞口位置不变时，可以设计成定型门窗框模板，固定在大模板上，这样既便于施工，也有利于确保门窗框安装位置的质量。

另一种做法是后立口，即用门窗洞口模板和大模板将门窗洞口预留好，然后再安装门窗框。随着钻孔机械及黏结材料的发展，现在采用后立口的做法比较普遍，门窗洞口模板施工如图 2-63 所示。

图 2-63   后立口施工示意

2.3.2.5 外墙组合柱模板安装

预制外墙板和现浇内墙相交处的组合柱模板，不需要单独支模，通常借助内墙大模板的角模，但必须将角模与外墙板之间的缝隙封严，以免出现漏浆。

山墙及大角部位的组合柱模板，需另配钢模或木模，并设置模板支架或操作平台，以利于浇筑混凝土。对这一部位的模板必须加强支撑，确保缝隙严密，不变形，不漏浆。

预制岩棉复合外墙板的组合柱模板，需另外设计配置。可采用2mm厚钢板压制成型，中间加焊加筋肋，通过转轴和大模板连接固定。支模时模板要进入组合柱0.5mm，防止拆模后剔凿。大角部位的组合柱模板，为避免振捣混凝土时模板变形、位移，可用角钢框和外墙板固定，并通过穿墙螺栓与组合柱模板拉结在一起，如图2-64所示。

外砖内模工程的组合柱支模时，为了避免在浇筑混凝土时将组合柱外侧砖墙挤坏，应在组合柱砖墙外侧进行支护。办法是沿组合柱外墙上下放置模板，并用螺栓和大模板拉结在一起，拆模时再一起拆除，如图2-65所示。

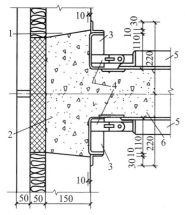

图 2-64　岩棉复合外墙板与
内墙交接组合柱模板

1—岩棉复合外墙板；2—现浇组合柱；
3—组合柱模板；4—连接板；
5—大模板；6—现浇内墙

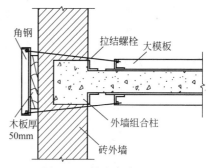

图 2-65　外砌内浇工程组
合柱支护示意

2.3.2.6 楼梯间模板的安装

楼梯间内因为两个休息平台板之间的高差较大，所以支模比较困难；另外，因为楼梯间墙体未被楼板分割，上下层墙体如有不平或错台，极易暴露。这些都要在支模时，采取措施妥善处理。

（1）支模的方法

① 利用支模平台（图 2-66）安放大模板。将支模平台设置在休息平台板上，以保持大模板底面的水平一致，如果有不平，可用木楔调平。

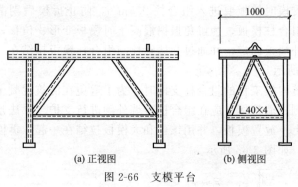

(a) 正视图　　(b) 侧视图

图 2-66　支模平台

② 解决墙面错台和漏浆的措施。楼梯间墙体因为放线误差或模板位移，容易发生错台，影响结构质量，也给装修造成困难。此外，由于模板下部封闭不严，常出现漏浆现象，因此，必须在支设模板时采取措施，解决这一问题。

解决方法是将墙体大模板与圈梁模板连接为一体，同时浇筑混凝土。具体做法是：针对圈梁的高度，将一根 24 号槽钢切割成 140mm 与 100mm 高的两根，长度可根据休息平台到外墙的净空尺寸决定，然后将切割后的槽钢搭接 30mm 对焊在一起。在槽钢下侧打孔，用 $\phi6$ 螺栓与 3mm×50mm 的扁钢固定两道 b 字形的橡皮条，如图 2-67（a）所示，当作圈梁模板。在圈梁模板与楼梯平台的相交处，依照平台板的形状做成企口，并留出 20mm 的空隙，以利于支拆模板 [图 2-67（b）]。圈梁模板与大模板用螺栓连接固定在一起，其缝隙使用环氧腻子嵌平。

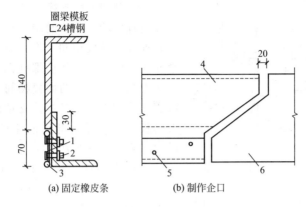

图 2-67 楼梯间圈梁模板做法（一）

1—压胶条的扁钢，3mm×50mm；2—ϕ6 螺栓；3—b 字形橡胶条；4—匚24 圈梁
模板，长度按楼梯段定；5—ϕ6.5 螺孔，间距 150mm；6—楼梯平台板

直接用匚16 或匚20 槽钢与大模板连接固定，槽钢外侧采用扁钢固定 b 字形橡皮条，如图 2-68 所示。

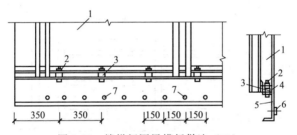

图 2-68 楼梯间圈梁模板做法（二）

1—大模板；2—连接螺栓（ϕ18）；3—螺母垫；4—模板角钢；5—圈梁模板；
6—橡皮压板（3mm×30mm）；7—橡皮条连接螺孔

支模板时，必须确保模板位置的准确和垂直度。先安装一侧的模板，并将圈梁模板和下层墙体贴紧，检查垂直度，用 100mm×100mm 的木枋将两侧大模板撑牢，如图 2-69 所示。

安装楼梯踏步段模板前，先放线定位，然后安装休息平台模板，再安装楼梯斜底模，最后安装楼梯外侧模板及踢脚挡板。施工时注意控制好楼梯上下平台标高及踏步尺寸。

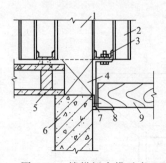

图 2-69　楼梯间支模示意

1—上层拟浇筑墙体；2—大模板；
3—连接螺栓；4—圈梁；5—圆孔
楼板；6—下层墙体；7—橡皮条；
8—圈梁模板；9—木横撑

（2）利用导墙支模　楼梯间墙的上部设置导墙，楼梯间墙大模板的高度和外墙大模板相同，将大模板下端紧贴在导墙上，下部用螺旋钢支柱和木枋支撑大模板。两面楼梯间墙采用数道螺旋钢支柱做横撑，支顶两侧的大模板。大模板下部用泡沫条塞封，以免漏浆，如图 2-70 所示。

（3）楼梯踏步段支模　在全现浇大模板工程中，楼梯踏步段通常与墙体同时浇筑施工。楼梯模板支撑采用碗扣支架或螺旋钢支柱。底模采用竹胶合板，侧模用〔16 槽钢，依照踏步尺寸在槽钢上焊 12mm 厚三角形钢板，踢面挡板用 6mm 厚钢板制成，各踢脚挡板用〔12 槽钢做斜支撑进行固定，如图 2-71 所示。

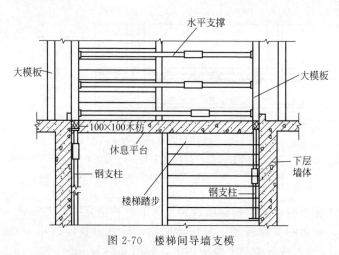

图 2-70　楼梯间导墙支模

2.3.2.7　现浇阳台底板支模

大模板全现浇工程中的阳台板经常与结构同时施工，因此也必然涉及阳台的支模问题。

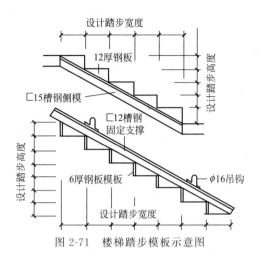

图 2-71 楼梯踏步模板示意图

阳台板模板可制成定型的钢模板，一次吊装就位，也可采用散支散拆的办法。支撑系统采用螺旋钢支柱，下铺 5cm 厚木板。钢支柱横向要用钢管和扣件连接，保持稳定。散支散拆时，立柱上方设置 10cm×10cm 木枋做龙骨，然后铺 5cm×10cm 小龙骨，间距 25cm，面板与侧模可采用竹胶合板或木胶合板。阳台模的外端应比根部高 5mm，如图 2-72 所示。

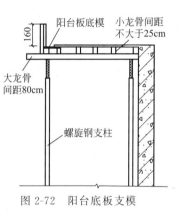

图 2-72 阳台底板支模

在阳台模板外侧 3cm 处，可用小木条固定 U 形塑料条，使浇筑成滴水线。

2.3.2.8 大模板安装的基本要求

根据工程实践经验，对于大模板的安装，需要符合以下基本要求。

① 大模板安装必须符合施工规范的要求，做到板面垂直、角部模板方正、位置十分精准、标高一定正确、两端确保水平、固定确保牢靠。

② 模板之间的拼缝和模板与结构之间的接缝必须严密，不得出现漏浆现象。

③ 门窗洞口必须垂直方正、尺寸正确、位置准确。如果采取"先立口"的做法，门窗框必须固定牢固、连接紧密，在浇筑混凝土时禁止产生位移和变形；如果采用"后立口"的做法，其位置必须准确，模板框架要牢固，并便于模板的拆除。

图 2-73　大模板涂刷脱模剂

④ 在大模板安装前及安装后，必须按设计要求涂刷脱模剂，并要做到涂刷均匀、到位，不可出现漏刷现象，如图 2-73 所示。

⑤ 装饰性的里衬模板和门窗洞口模板的安装必须牢固，在外力的作用下不产生变形；对于双边大于 1m 的门窗洞口，在拆除模板后应加强支护，以免发生变形。

⑥ 全现浇外墙、电梯井筒和楼梯间墙在支模时，必须保证上下层接槎顺直，不产生错台质量缺陷和漏浆。

3

滑升模板

　　滑升模板是一种工具式混凝土成型模板，其施工工艺是一种机械化程度较高的连续成型工艺，不但适用于筒仓、水塔、烟囱、桥墩、竖井等连续型高耸结构工程，而且也适用于框架、板墙及剪力墙等高层和超高层建筑工程。

　　用滑升模板施工，可以节约大量的模板和支撑材料，加快施工进度和保证结构的整体性，是一种应用广泛、操作方便的模板。但是，模板一次性投资非常大，耗用的钢材比较多，对建筑立面造型和构件断面变化有一定的限制。

3.1　滑模装置的组成

3.1.1　滑升模板系统

　　滑升模板系统主要包括模板、围圈和提升架等，三者紧密配合而组成滑升模板系统。

　　（1）模板　模板是滑升模板系统重要的组成部分，主要作用是承受混凝土的侧压力、冲击力和滑升时的摩阻力，并使混凝土按设计要求的截面形状和尺寸成型。模板按其所处位置和作用不同，可分为内模板、外模板、堵头模板和变截面结构的收分模板等；模板按采用的材料不同，可分为钢模板、木模板和钢木模板等，也可以用其他材料制成。

　　图 3-1 所示为一般墙体的钢模板，也可使用组合模板进行改装。

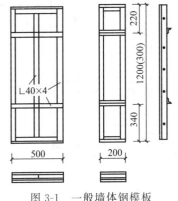

图 3-1　一般墙体钢模板

当施工对象的墙体尺寸变化不大时，宜采用围圈与模板组合成一体的"围圈组合大模板"，如图 3-2 所示。

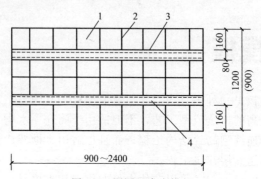

图 3-2 围圈组合大模板

1—4mm 厚钢板；2—6mm 厚钢板、80mm 宽肋板；

3—8 号槽钢上围圈；4—8 号槽钢下围圈

墙体结构与框架结构的阴阳角处，应采用同样材料制成的角模。角模的上下口倾斜度应与墙体模板相同。

图 3-3 所示为烟囱钢模板，主要用于圆锥形变截面工程。烟囱等圆锥形变截面工程，模板在滑升的过程中，要按照设计要求的斜度和壁厚，不断调整内外模板的直径，使收分模板及活动模板的重叠部分逐渐增加。当收分模板和活动模板完全重叠，且其边缘与另一块模板搭接时，即可拆去重叠的活动模板。

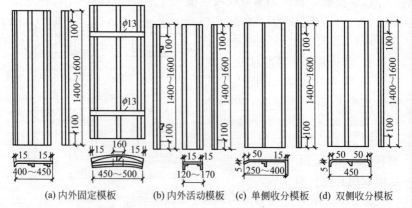

(a) 内外固定模板   (b) 内外活动模板   (c) 单侧收分模板   (d) 双侧收分模板

图 3-3 烟囱钢模板示意

（2）围圈　围圈又称围檩、腰梁。其主要作用是使模板保持组装的平面状态，并将模板与提升架连成一个整体。围圈在施工过程中，承受由模板传递来的混凝土侧压力、冲击力，滑升时的摩阻力、操作平台的竖向荷载以及施工中的荷载等，并将这些荷载再传递到提升架、千斤顶和支承杆上。围圈的构造如图 3-4 所示。

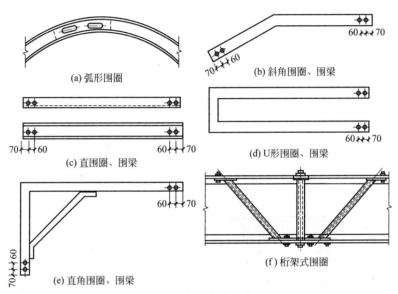

(a) 弧形围圈

(b) 斜角围圈、围梁

(c) 直围圈、围梁

(d) U形围圈、围梁

(e) 直角围圈、围梁

(f) 桁架式围圈

图 3-4　围圈构造示意

模板与围圈的连接通常采用挂在围圈（腰梁）上的方式，当采用横卧工字钢作为围圈时，可用双爪钩子将模板与围圈钩牢，并用螺栓调节位置，如图 3-5 所示。

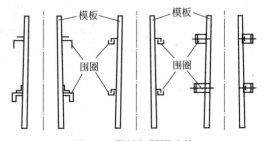

图 3-5　模板与围圈连接

（3）提升架　滑升模板的提升架，又称千斤顶架，它是安装千斤顶并与围圈、模板连接成整体的主要构件。滑升模板提升架的主要作用是：控制模板和围圈由于混凝土的侧压力和冲击力而产生的向外形变；同时承受作用于整个模板上的竖向荷载，并将上述荷载传递给液压千斤顶与支承杆。当滑升模板提升机具工作时，通过提升架带动围圈、模板和操作平台等一起向上滑动。

在建筑工程的滑升模板中常用的提升架立面构造形式，一般可分为单横梁"Ⅱ"形、双横梁"开"形或单位柱的"Γ"形等，如图3-6所示。

提升架的平面布置形式，一般可分为"I"形、"Y"形、"X"形、"Π"形和"□"形等，如图3-7所示。

对于变形缝双墙、圆弧形墙壁交叉处或厚墙壁等摩阻力及局部荷载较大的部位，可采用双千斤顶提升架。双千斤顶提升架可沿横梁布置（图3-8），也可垂直于横梁布置（图3-9）。

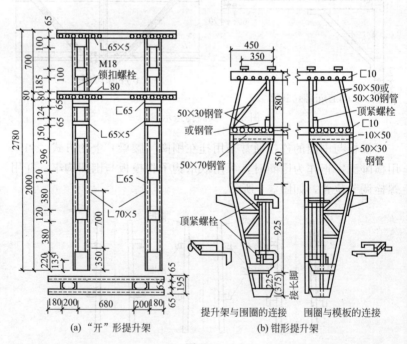

(a) "开"形提升架　　(b) 钳形提升架

图 3-6

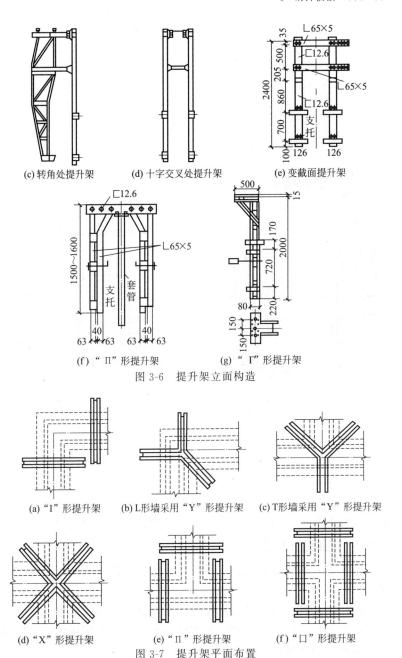

(c) 转角处提升架　　　(d) 十字交叉处提升架　　　(e) 变截面提升架

(f) "Ⅱ" 形提升架　　　(g) "Γ" 形提升架

图 3-6　提升架立面构造

(a) "I" 形提升架　　(b) L形墙采用 "Y" 形提升架　　(c) T形墙采用 "Y" 形提升架

(d) "X" 形提升架　　(e) "Ⅱ" 形提升架　　(f) "口" 形提升架

图 3-7　提升架平面布置

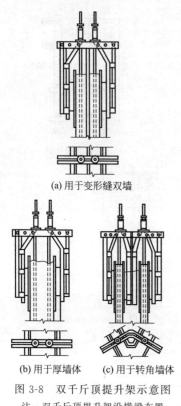

(a) 用于变形缝双墙

(b) 用于厚墙体　　(c) 用于转角墙体

图 3-8　双千斤顶提升架示意图

注：双千斤顶提升架沿横梁布置

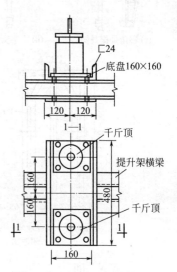

图 3-9　双千斤顶提升架示意

注：双千斤顶提升架垂直于横梁布置

　　用于变截面结构的提升架，其立柱上应设有调整内外模板间距和倾斜度的装置（图 3-10）。

　　在框架结构框架柱部位的提升架，可采取纵横梁"井"字形布置，在提升架上可布置几台千斤顶，其荷载分配必须均匀。

3.1.2　液压提升系统

　　液压提升系统主要包括支承杆、液压千斤顶、液压控制台和油路等。

　　（1）支承杆　支承杆又称爬杆、千斤顶杆或钢筋轴等。它承受着作用于千斤顶的全部荷载。为了使支承杆不发生压屈变形，应用一定强度的圆钢或钢管制作。

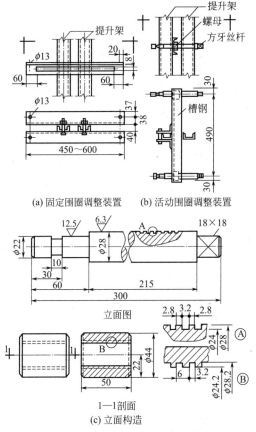

(a) 固定围圈调整装置　(b) 活动围圈调整装置

立面图

1—1剖面

(c) 立面构造

图 3-10　围圈调整装置与顶紧装置

　　φ25 支承杆常用的连接方法包括三种，即螺纹连接、榫接和焊接，如图 3-11 所示。

　　支承杆的焊接，通常在液压千斤顶上升到接近支承杆顶部时进行，接口处如果有偏斜或凸疤，可采用手提砂轮机处理平整，使其能顺利通过千斤顶孔道，也可在液压千斤顶底部超过支承杆后进行。当这台液压千斤顶脱空时，其全部荷载需由左右两台液压千斤顶承担。所以，在进行千斤顶数量及围圈设计时，应考虑这一因素。采用工具式支承杆时，应在支承杆外侧设置内径大于支承杆直径的套管，套管的上端与提升架横梁底部固定，套管的下端到模板

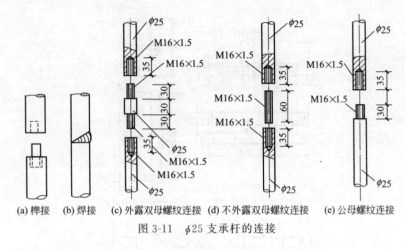

(a) 榫接　(b) 焊接　(c) 外露双母螺纹连接　(d) 不外露双母螺纹连接　(e) 公母螺纹连接

图 3-11　$\phi25$ 支承杆的连接

底平，套管外径最好做成上大下小的锥度，以降低滑升时的摩阻力。套管随千斤顶和提升架同时上升，在混凝土内形成管孔，以便于最后拔出支承杆。工具式支承杆的底部，通常用套靴或钢垫板支承，如图 3-12 所示。

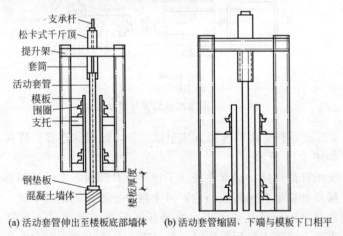

(a) 活动套管伸出至楼板底部墙体　(b) 活动套管缩固，下端与模板下口相平

图 3-12　工具式支承杆回收装置

工具式支承杆的拔出，通常采用管钳、双作用液压千斤顶、倒置液压千斤顶或杠杆式拔杆器（图 3-13）。

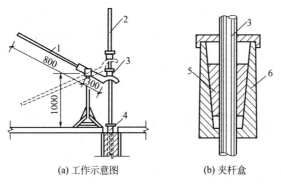

(a) 工作示意图   (b) 夹杆盒

图 3-13　杠杆式拔杆器

1—杠杆；2—工具式支承杆；3—上夹杆盒（拔杆用）；
4—下夹杆盒（保险用）；5—夹块；6—夹杆盒外壳

当施工中超过规定脱空长度时，应对支承杆采取有效的加固措施。支承杆通常采用木枋、钢管、拼装柱盒、假柱及附加短钢筋等加固方法，如图 3-14 所示。

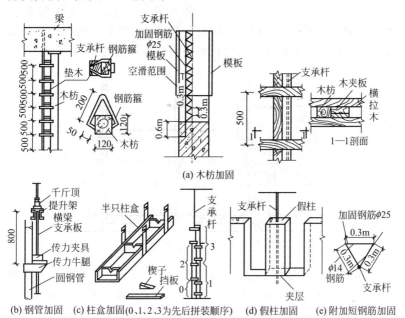

(a) 木枋加固

(b) 钢管加固　(c) 柱盒加固(0、1、2、3为先后拼装顺序)　(d) 假柱加固　(e) 附加短钢筋加固

图 3-14　支承杆的加固

木枋、钢管及拼装柱盒等方法，都应随支承杆边脱空一定高度，边进行夹紧加固。假柱加固法为随模板的滑升，与墙体一同浇筑一段混凝土假柱，其下端用夹层（塑料布）隔开，过后将这段假柱凿掉。

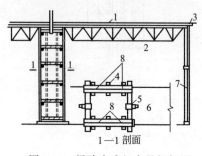

图 3-15　梁跨中成组支承杆加固
1—梁底模；2—梁桁架；3—梁端；
4—夹紧支承杆螺栓；5—钢管扣件；
6—大梁；7—支柱；8—支承杆

对于梁跨中部位的成组脱空支承杆，也可选用扣件式钢管脚手架组成支柱进行加固，如图 3-15 所示。

$\phi 48 \times 3.5$ 钢管为常用脚手架钢管，因为其允许脱空长度较大，且可采用脚手架扣件进行连接，所以作为工具式支承杆和在混凝土体外布置时，比较易于处理。

支承杆布置在内墙混凝土体外时，在逐层空滑楼板并进法施工中，支承杆穿过楼板部位时，可通过设置扫地横向钢管和扣件与其连接，并在横杆下部设置垫块或垫板，如图 3-16 所示。

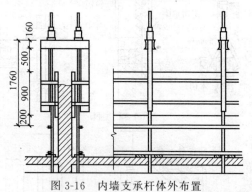

图 3-16　内墙支承杆体外布置

$\phi 48 \times 3.5$ 支承杆的接长，既要保证上、下中心重合在一条垂直线上，以便于千斤顶爬升时顺利通过；又使接长处具有支承垂直荷载能力和抗弯能力。同时要求支承杆接头装拆便捷，以便于周转使用。在接长时，可使用先将支承杆连接件插入下部支承杆钢管内,然后将接长钢管支承杆插到连接件上,即可将上下钢管连接成一体。支承杆连接件如图3-17所示。

为了避免钢管向上移动,在连接件及钢管支承杆的两端都分别钻一个销钉孔,当千斤顶爬升过连接件后,用销钉将上下钢管和连接件销在一起,或焊接在一起。

支承杆布置在框架柱结构体外时,可采取钢管脚手架进行加固,如图3-18所示。

支承杆布置于外墙体外时,在外墙外侧,因为没有楼板可作为外部支承杆的传力层,可在外墙浇筑混凝土时,在每个楼层上部150~200mm处的墙上,留出两个穿墙螺栓孔洞,通过穿墙螺栓将钢牛腿固定在已滑出的墙体外侧,便于通过横杆将支承杆所承受的荷载传递给钢牛腿,如图3-19所示。

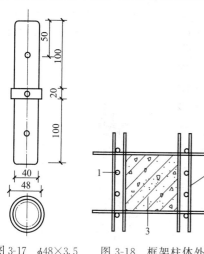

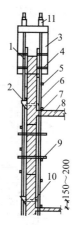

图3-17 φ48×3.5
支承杆连接件

图3-18 框架柱体外
支承杆加固示意
1—支承杆;2—钢管
脚手架;3—框架柱

图3-19 外墙支承杆体外布置
1—外模板;2—钢牛腿;3—提升架;
4—内模板;5—横向钢管;6—支承杆;
7—垫块;8—楼板;9—横向杆;
10—穿墙螺栓;11—千斤顶

钢牛腿的作用是将上部支承杆所承受的荷载,通过横杆及扣件传递到已施工的墙体上。所以,钢牛腿必须有一定的强度和刚度,受力后不发生变形和位移,且方便安装。其构造如图3-20所示。

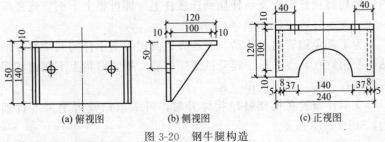

(a) 俯视图   (b) 侧视图   (c) 正视图

图 3-20　钢牛腿构造

（2）液压千斤顶　液压千斤顶又称穿心式液压千斤顶或爬升器。其中心穿支承杆，在周期式的液压动力作用下，千斤顶可沿着支承杆作爬升动作，以带动提升架、操作平台和模板随之一同上升。

目前国内生产的滑模液压千斤顶型号主要包括滚珠卡具 GYD-35 型（图 3-21）、GSD-35 型（图 3-22）、GYD-60 型和楔块卡具 QYD-35 型、QYD-60 型、QYD-100 型、松卡式 SQD-90-35 型以及混合式 QGYD-60 型等，额定起重量为 30～100kN。

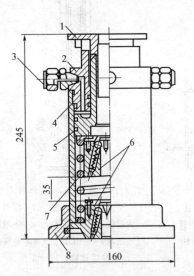

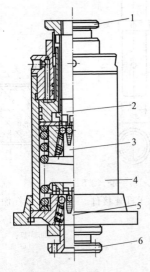

图 3-21　GYD-35 型千斤顶

1—行程调节帽；2—缸盖；3—油嘴；

4—缸筒；5—活塞；6—卡头；

7—弹簧；8—底座

图 3-22　GSD-35 型松卡式千斤顶

1—上卡头松卡螺丝；2—上压筒；

3—上卡头；4—下压筒；5—下

卡头；6—下卡头松卡螺丝

　　GYD 型与 QYD 型千斤顶的基本构造相同。主要区别为：GYD型千斤顶的卡具是滚珠式，而 QYD 型千斤顶的卡具是楔块式。其工作原理为：工作时，先将支承杆由上向下插入千斤顶中心孔，然后开动油泵，使油液由油嘴 P 进入千斤顶油缸，如图 3-23(a) 所示；这时，由于上卡头与支承杆锁紧，只能上升不能下降，在高压油液的作用下，油室不断扩大，排油弹簧被压缩，整个缸筒连同下卡头及底座被举起，当上升到上、下卡头相互顶紧时，即完成提升一个行程，如图 3-23(b) 所示；回油时，油压被解除，凭借排油弹簧的压力，将油室中的油液由油嘴 P 排出千斤顶，这时，下卡头与支承杆锁紧，上卡头及活塞被排油弹簧向上推动复位，如图 3-23(c) 所示。一次循环可使千斤顶爬升一个行程，加压即提升，排油即复位，如此往复运动，千斤顶即沿着支承杆不断爬升。

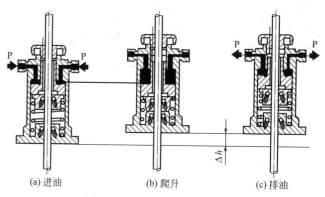

(a) 进油　　　　　　(b) 爬升　　　　　　(c) 排油

图 3-23　液压千斤顶工作原理

Δh——一次爬升的高度

　　滑模液压千斤顶 SQD-90-35 型的构造如图 3-24 所示。

　　QGYD-60 型液压千斤顶是用于滑模施工的一种中级千斤顶（图 3-25）。这种千斤顶的上卡头是双排滚珠式，下卡头是楔块式。其优点是，既可减少千斤顶的下滑量，又可降低对卡头的污染。

　　液压千斤顶使用前，应按如下要求检验。

　　① 耐油压 12MPa 以上，每次持压 5min，重复三次，各密封处没有渗漏。

　　② 卡头锁固牢靠，放松灵活。

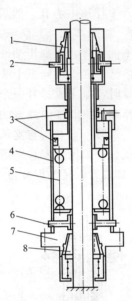

图 3-24 SQD-90-35 型
松卡式千斤顶

1—上卡头；2—上松卡装置；
3—密封件；4—缸筒；5—排
油弹簧；6—下松卡装置；
7—底座；8—下卡头

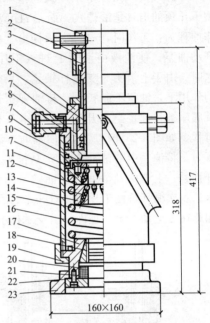

图 3-25 QGYD-60 型液压千斤顶

1—限位挡环；2—防尘帽；3—限位管；4—套筒；
5—缸盖；6—活塞；7—密封圈；8—垫圈；9—油嘴；
10—卡头盖；11—上卡头体（Ⅰ）；12—滚珠；
13—小弹簧；14—上卡头体（Ⅱ）；15—回油
弹簧；16—缸筒；17—下卡头体；18—楔块；
19—连接螺母；20—支架；21—楔块弹簧；
22—夹紧垫圈；23—底座

③ 在 1.2 倍额定荷载作用下，卡头锁固时的回降量，滚珠式不超过 5mm，卡块式不超过 3mm。

④ 同一批组装的千斤顶，在相同荷载作用下，其行程应大体一致，用行程调整帽调整后，行程差不得超过 2mm。

（3）液压控制台　液压控制台是液压传动系统的控制中心，是液压滑模的心脏，主要包括电动机、齿轮油泵、换向阀、溢流阀、液压分配器和油箱等，如图 3-26 所示。

其工作过程为：电动机带动齿轮油泵运转，将油箱中的油液通过溢流阀控制压力后，经过换向阀输送到液压分配器，然后，经油管将油液输入进千斤顶，使千斤顶沿支承杆爬升。当活塞走满行程之后，换向阀转换油液的流向，千斤顶中的油液从输油管、液压分配器，经换向阀返回油箱。每一个工作循环，使千斤顶带动模板系统爬升一个行程。

（4）油路系统　油路系统是连接控制台到千斤顶的液压通路，主要包括油管、管接头、液压分配器和截止阀等元器件。

油管通常采用高压无缝钢管及高压橡胶管两种，根据滑升工程面积大小及荷载决定液压千斤顶的数量及编组形式。

油路的布置通常采取分级方式，即从液压控制台通过主油管到分油器，从分油器经过分油管到支分油器，从支分油器经胶管到千斤顶，如图 3-27 所示。

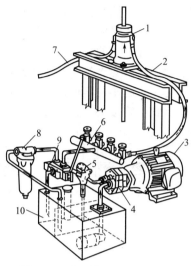

图 3-26　液压传动系统示意

1—液压千斤顶；2—提升架；3—电动机；
4—齿轮油泵；5—溢流阀；6—液压
分配器；7—油管；8—滤油器；
9—换向阀；10—油箱

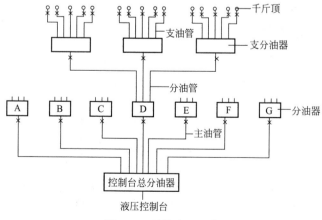

图 3-27　油路布置示意

由液压控制台到各分油器及由分、支分油器至各千斤顶的管线长度，设计时应尽可能相近。

油管接头的通径、压力应和油管相适应。胶管接头的连接方法是用接头外套将软管和液压控制台分油器接头芯子连成一体，然后再用接头芯子与其他油管或元件连接，通常采用扣压式胶管接头或可拆式胶管接头；钢管接头可采用卡套式管接头，如图 3-28 所示。

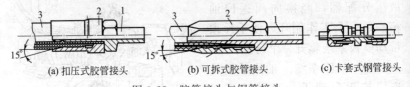

| (a) 扣压式胶管接头 | (b) 可拆式胶管接头 | (c) 卡套式钢管接头 |

图 3-28　胶管接头与钢管接头

1—B 型接头芯；2—接头外套；3—胶管

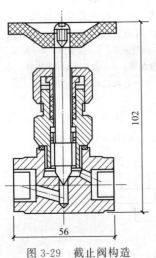

图 3-29　截止阀构造

截止阀又称针形阀，其作用是调节管路及千斤顶的液体流量，控制千斤顶的升差。截止阀通常设置在分油器上或千斤顶与管路连接处，构造如图 3-29 所示。

液压油应具有适当的黏度，当压力和温度改变时，黏度的变化不得太大。一般可根据气温条件选用不同黏度等级的液压油。

3.1.3　操作平台系统

3.1.3.1　操作平台

滑升模板的操作平台即工作平台，是进行绑扎钢筋、浇筑混凝土、提升模板、安装预埋件等工作的场所，也是钢筋、混凝土、预埋件等材料及千斤顶、振捣器等小型备用机具暂时存放的场地。为便于模板的提升及控制，液压控制机械设备，一般布置在操作平台的中央部位。有时还利用操作平台架设垂直运输机械设施，也可以利用操作平台作为现浇混凝土顶盖的模板。

　　按照结构平面形状的不同，操作平台的平面可组装成矩形、圆形等各种不同的形状，如图 3-30 和图 3-31 所示。

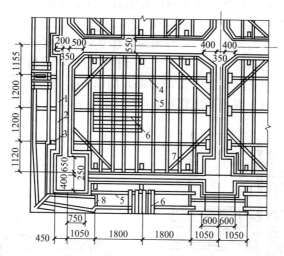

图 3-30　矩形操作平台平面构造

1—模板；2—围圈；3—提升架；4—承重桁架；5—楞木；
6—平台板；7—围圈斜撑；8—三角挑架

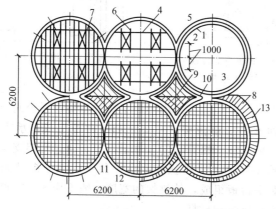

图 3-31　圆形操作平台平面构造

1—模板；2—围圈；3—提升架；4—平台桁架；5—桁架支托；
6—桁架支撑；7—楞木；8—平台板；9—星形平台板；
10—千斤顶；11—人孔；12—三角挑架；13—外挑平台

根据施工工艺要求不同，操作平台可分别采用固定式或活动式。对于采用逐层空滑、楼板并进的施工工艺，操作平台的板面最好采用活动式，以便揭开平台的板面后进行现浇或预制混凝土楼板的施工，如图 3-32 所示。

滑升模板的操作平台可分为主操作平台和上辅助平台（料台）两种，通常只设置主操作平台。上辅助平台的承重桁架（或大梁）的支柱，大多支承于提升架的顶部，如图 3-33 所示。当需要设置上辅助平台时，应特别注意其结构稳定性。

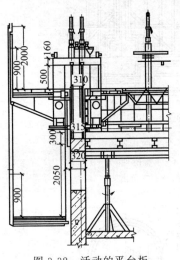

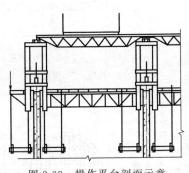

图 3-32　活动的平台板
吊开后施工楼板

图 3-33　操作平台剖面示意

主操作平台一般可分为内操作平台与外操作平台两个部分。内操作平台通常由承重桁架（或梁）和平台板组成，承重桁架（或梁）的两端可支承于提升架的立柱上，也可通过托架支承于上下围圈上，如图 3-34 所示。外操作平台一般由支承于提升架的外立柱三角挑架和平台板组成，外挑架的宽度一般不应大于 1000mm，其外侧面应当设置防护栏杆。

3.1.3.2　吊脚手架

滑升模板中的吊脚手架，又称下辅助平台或吊架，主要用于检查出模混凝土的质量、模板的检修及拆卸、混凝土表面修饰和对混

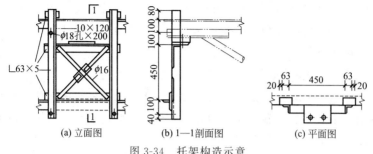

(a) 立面图   (b) 1—1剖面图   (c) 平面图

图 3-34　托架构造示意

凝土养护等工作。

根据吊脚手架的安装部位不同，通常可分为内里吊脚手架和外部吊脚手架两种。内里吊脚手架可挂在提升架及操作平台的桁架上；外部吊脚手架可挂在提升架及外挑的三角架上（图 3-35）。

3.1.4　施工精度控制系统

液压滑升模板施工精度控制系统包括千斤顶同步、建筑物轴线及垂直度等的控制与观测设施等。滑动模板的精度控制系统是保证施工质量的重要技术手段。因此，施工精度控制系统所用的仪器、设备的选配，应符合下列规定。

① 千斤顶同步控制装置，可使用限位卡挡、激光水平扫描仪、水杯自动控制装置、计算机控制同步整体提升装置

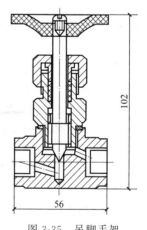

图 3-35　吊脚手架

等。在滑升过程中，要求各千斤顶的相对标高之差不大于 40mm，相邻两个提升架上千斤顶的升差不大于 20mm。

② 垂直度观测设备可使用激光铅直仪、自动安平激光铅直仪、经纬仪和线锤等，其精度的具体要求是：滑模施工工程结构垂直度的允许偏差为每层层高在不大于 5m 时，不得超过 5mm；每层层高大于 5m 时，不得超过层高的 0.1％；每层层高在不大于 10m 时，不得超过 10mm；每层层高大于 10m 时，不得超过层高的 0.1％，并不得大于 50mm。

③ 测量靶标和观测站的设置必须稳定可靠，便于测量操作，并应根据结构特征和关键控制部位（如外墙角、电梯井、筒壁中心等）确定其位置。

3.1.5 水电配套系统

水电配套系统也是液压滑升模板中不可缺少的组成部分，在某些情况下直接影响施工速度和施工质量，因此，对于水电系统设备的选配，需符合下列规定。

① 动力及照明用电、通信与信号的设置，均需符合现行的《液压滑动模板施工安全技术规程》（JGJ 65—2013）中的规定。

② 电源线的规格选取应根据平台上全部电器设备总功率计算确定，其长度应大于地面起滑处开始到滑模终止所需的高度再增加 10m。

③ 新的施工用电规定，三级配电两级保护即系统总配电与三级箱设漏电保护器。三级箱（直接接工具设备的箱子）要求一机一闸一漏。

④ 操作平台上的照明应满足夜间施工的亮度要求，吊脚手架上与其便携式的照明工具，其电压不应高于 36V。

⑤ 现代化的滑升模板施工应采用先进的通信联络，应能保证信号准确、全场统一、非常清楚，并且不得扰民。

⑥ 现代化的滑升模板施工应采用电视监控，应达到能够监视全面、局部及关键部位的要求。

⑦ 向操作平台上供水的水泵和管路，其扬程与供水量必须能满足滑动模板施工高度、施工用水及局部消防用水的需要。

3.2 滑模工程的施工

3.2.1 一般滑模的施工

3.2.1.1 钢筋绑扎

滑模钢筋绑扎施工如图 3-36 所示。

① 水平钢筋的加工长度通常不宜超过 7m；垂直钢筋的加工长度，当直径小于 12mm 时不宜超过 6m。

② 钢筋绑扎的速度应与混凝土浇筑速度相配合，根据工程量合理划分区段，做到每段基本上能同时绑扎完，并应及时检查避免发生错漏。预埋钢筋接头，应在混凝土滑出后立即抠出，使其露于混凝土外，待混凝土达到一定强度后加以调直。

图 3-36 钢筋绑扎施工

③ 竖向钢筋绑扎时，应在提升架上部设置钢筋定位架，如图 3-37 所示，确保钢筋位置准确。直径较大的竖向钢筋接头采用气压焊、电渣压力焊、套筒式冷挤压接头和锥螺纹接头等新型钢筋接头。

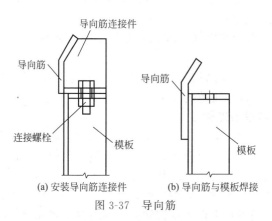

(a) 安装导向筋连接件　　(b) 导向筋与模板焊接

图 3-37 导向筋

④ 双层配筋的竖向结构，其中肋应成对并竖立排列，钢筋网片间需有 A 字形拉结筋或用焊接钢筋骨架定位。

⑤ 要严格控制竖向主筋的搭接长度和接头位置，尤其是大直径钢筋，由于自重和振动要下滑，可向上提一些，到进入混凝土时正好，以免误差累计；要随时控制主筋位置的正确性，防止偏位。

⑥ 为防止水平筋偏移碰撞模板，并控制好水平筋的保护层，需要在丁字墙（梁）、十字墙（梁）和墙（梁）中部的模板上口安装模板导向筋。水平筋之间用拉钩连接，垂直间距和水平间距按设计要求，梅花形布置，如图 3-38 所示。也可在模板上口安装带钩

的圆钢筋对保护层进行控制，其直径按保护层的厚度确定，如图3-39所示。

图3-38 垂直钢筋定位架

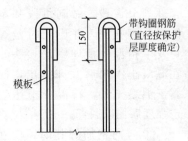

图3-39 保证钢筋保护层措施

⑦ 钢筋工除加强自身责任心外，随时接受质量检查员的隐蔽检查，还需注意箍筋、保护层厚度、钢筋搭接长度、接头位置错开和钢筋位置的正确性。

⑧ 凡带弯钩的钢筋，绑扎时弯钩不得朝向模板面，避免弯钩卡住模板。

⑨ 支承杆用作结构受力钢筋时，其接头处的焊接质量，必须符合有关钢筋焊接规范的要求。

3.2.1.2 留设预埋件

预埋件的固定，通常采用短钢筋与结构主筋焊接或绑扎等方法连接牢固，但不得突出模板表面。模板滑过预埋件后，应立即清除表面的混凝土，使其外露，其位置偏差不得大于20mm。对于安放位置和垂直度要求较高的预埋件，不应以操作平台上的某点作为控制点，防止因操作平台出现扭转而使预埋件位置偏移；应使用线锤吊线或经纬仪定垂线等方法确定位置。

3.2.1.3 支承杆

对采用平头对接、榫接或螺纹接头的非工具式支承杆，在千斤顶通过接头部位后，应及时对接头进行焊接加固。用于筒壁结构施工的非工具式支承杆，当通过千斤顶后，应与横向钢筋点焊进行连接，焊点间距不应大于500mm。

工具式支承杆可在滑模施工结束后一起拔出，也可在中途停歇时分批拔出。分批拔出时，应按实际荷载确定每批拔出的数量不得超过总数的1/4。对于墙板结构，内外墙交接处的支承杆，不宜中途抽拔。

3.2.1.4 混凝土配制与浇筑

（1）应做好混凝土配合比的试配工作 试配时，要依据滑升速度适当控制混凝土凝固时间，使出模混凝土强度能达到 $0.5\sim2.5kg/cm^2$；如混凝土出模强度超过 $10kg/cm^2$，混凝土对模板的摩阻力增大，易导致混凝土表面拉裂。

用于滑模施工的混凝土，除应符合设计所规定的强度、抗渗性、耐久性等要求外，尚应满足下列规定。

① 混凝土早期强度的增长速度，必须符合模板滑升速度的要求。

② 薄壁结构的混凝土应用硅酸盐水泥或普通硅酸盐水泥配制。

③ 混凝土入模时的坍落度需符合规定。

（2）混凝土的浇筑 浇筑混凝土前，应合理划分施工区段，安排操作人员，以使每个区段的浇筑数量和时间大致相同，如图 3-40 所示。混凝土的浇筑应满足下列规定。

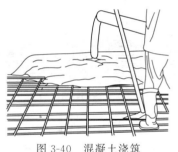

图 3-40 混凝土浇筑

① 必须分层均匀交圈浇筑，每一浇筑层的混凝土表面应在同一个水平面上，并应有计划均匀地变换浇筑方向。

② 混凝土浇筑必须严格执行分层交圈、均匀浇灌的制度。在正常情况下，浇灌上一层混凝土时，下一层混凝土应处于塑性状态。对于分层厚度，一般墙板结构以 200mm 为宜；框架结构和面积较小的筒壁结构以 300mm 左右为宜。应有计划地、均匀地变换浇灌方向，避免结构的倾斜或扭转。

③ 在气温高的季节，宜先浇筑内墙，后浇筑阳光直射的外墙；先浇筑直墙，后浇筑墙角及墙垛；先浇筑较厚的墙，后浇筑薄墙。

④ 预留洞口、门窗口、通风管两侧的混凝土，应对称均匀浇灌，避免挤动。开始向模板内浇筑的混凝土，浇筑时间通常应控制在 2h 左右，分两层或三层将混凝土浇筑至 $600\sim700mm$ 高度，然

后进行模板的初滑。正常滑升时，新浇灌混凝土表面一般与模板上口保持 5～15cm，并不应将最上一层水平钢筋覆盖。在浇灌混凝土的同时，应随时清理粘在模板内表面的砂浆或混凝土，以免凝结，影响表面光滑、增加摩阻力。

3.2.1.5 混凝土振捣

振捣混凝土时，不得振动支承杆、钢筋及模板；振动棒插入深度不宜超过前一层混凝土内 5cm；在提升模板时禁止振捣混凝土。

在模板滑动的过程中，禁止振捣混凝土。坍落度较大的混凝土，可用人工振捣；坍落度较小的混凝土，应选用移动方便的小型插入式振捣器振捣（目前我国生产有棒头直径为 30mm 或 50mm，

图 3-41 混凝土振捣

棒长 230mm 的振捣器）。如小型振捣器不易解决，亦可使用普通高频振捣器，但在其头部 200mm 左右处应做好明显的标志。操作时，严格控制棒头插入混凝土的深度，不得超过标志，混凝土振捣施工如图 3-41所示。

3.2.1.6 混凝土养护

混凝土强度到养护时间后必须及时进行养护。

① 用自来水在混凝土收浆后浇洒。

② 保持混凝土表面湿润不干，养护时间 7～14d。

③ 内、外各设置一条环形 PVC（聚氯乙烯）管，PVC 管每 20cm 用电钻开小孔，小孔开口方向全部一致对准仓壁混凝土面。内、外环形的 PVC 管同时共用水压满足的水管，供水管和内、外环形的 PVC 管设置阀门开关，每个仓分别使用增压泵将水送到指定位置，随时提供对仓壁混凝土的养护条件，不受其他因素影响。派专人进行养护工作，供水管要求满足养护和其他施工的需要。内、外环形的 PVC 管设置如图 3-42 所示。

3.2.1.7 布料方法

① 墙体混凝土布料方法。先把混凝土布在每个房间，再由人工锹运入模。在逐间布料时，应按每个房间平行长墙方向，布料在

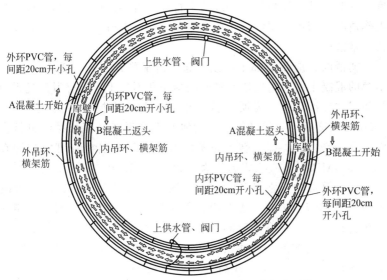

图 3-42　仓壁混凝土入模浇筑路线及养护水系统

靠墙边的位置上，然后用锹入模。

　　② 楼板混凝土布料顺序。先远后近，逐间布料。通常先从东北角开始，逐间往东南方向布料，直到南边为止。随后，将布料机空转，到西北部位，再逐间往西南方向布料，直至西南边外墙为止。

　　③ 墙体混凝土布料时间。需控制在每个浇筑层（约 20cm 厚）混凝土在 1h 内浇筑入模，振捣完毕。要求每层混凝土之间不得留有任何施工缝隙。

　　④ 布料方向。为避免出现结构扭转现象，在奇数层的墙体滑模混凝土布料顺序，应按顺时针方向逐间布料；在偶数层时，需按逆时针方向逐间布料。

　　⑤ 必要时，还应考虑季节风向、气温与日照等因素进行布料。

　　⑥ 在楼板混凝土逐间布料以后，随即振实。

3.2.1.8　模板滑升

　　模板的滑升分为初始滑升、正常滑升及完成滑升三个阶段。

　　（1）模板的初始滑升阶段　开始滑升时，必须对滑模装置和混凝土的凝结强度进行初滑检查。一般是在混凝土分层浇筑到模板高度 2/3 时，即将模板提升一或两个行程，观察液压系统与模板系统工作情况。当第一层混凝土强度达到 0.5～2.5kg/cm² 时，即可进行正常滑升。

初滑时，应将全部千斤顶一起缓慢平稳升起 50～100mm，脱出模的混凝土用手指按压有轻微的指印和不粘手，还有滑升过程中耳闻有"沙沙"声，说明已具备滑升条件。当模板滑升至 200～300mm 高度后，应稍事停歇，对所有提升设备及模板系统进行全面检查、修整后，即可转入正常滑升。混凝土出模强度宜控制在 0.2～0.4MPa，或贯入阻力值为 0.30～1.05MPa。

(2) 模板的正常滑升阶段　进入正常滑升阶段，此时，混凝土的浇筑和钢筋绑扎、提升模板等工序之间，要紧密衔接，相互交替进行。两次提升的时间间隔，一般不应超过 1h。在气温较高的情况下，应增加一或两次中间提升。中间提升的高度为一或两个千斤顶行程。正常滑升高度，通常按混凝土一次浇筑高度为准，为20～30cm。提升过程中，出现油压增高到正常滑升滑压值的 1.2 倍，尚不能使全部液压千斤顶升起时，应立即停止提升操作，检查原因，及时进行处理。

在滑升过程中，操作平台应保持水平。各千斤顶的相对标高差不应大于 40mm，相邻两个提升架上千斤顶的升差不应大于 20mm。连续变截面结构，每滑升一个浇筑层高度，应进行一次模板收分。模板一次收分量应不大于 10mm。

(3) 模板的完成滑升阶段　模板的完成滑升阶段又称末升阶段。当模板滑升至距建筑物顶部高程 1m 左右时，滑模即进入完成滑升阶段，此时应放慢滑升速度，并进行准确的抄平和找正工作，以使最后一层混凝土能够均匀地交圈，确保顶部高程及位置的正确。

(4) 停滑措施　因气候或其他原因，模板在滑升过程中必须停止施工时，应采取下列停滑措施。

① 混凝土应浇筑到同一水平面上。

② 模板应每隔 0.5～1h 启动千斤顶一次，每次将模板滑升 30～60mm，如此连续进行 4h 以上，直至混凝土与模板不会黏结为止，但模板的最大滑升量不应大于模板高度的 1/2。

③ 当支承杆的套管不带锥度时，应在次日将千斤顶再提升一

个行程。

④ 再施工时，需对液压系统进行运转检查。混凝土的接槎应按施工缝进行处理。

3.2.1.9 滑升速度

模板滑升速度，当支承杆无失稳可能时，按混凝土的出模强度控制，可按下式确定。

$$V = (H - h - a)/t \qquad (3\text{-}1)$$

式中　V——模板滑升速度，m/h；

　　　H——模板高度，m；

　　　h——每层浇筑厚度，m；

　　　a——混凝土浇筑满后其表面到模板上口的距离，m，取 0.05～0.1m；

　　　t——混凝土达到出模强度所需的时间，h。

3.2.1.10 变截面壁厚处理

（1）平移提升架立柱法　在提升架的立柱和横梁之间装设一个顶进丝杠，变截面时，先将模板提空，拆除平台板及围圈桁架的活接头。然后拧紧顶进丝杠，将提升架立柱带着围圈与模板向壁厚方向顶进至要求的位置后，补齐模板，铺好平台，改模工作即可完成，如图 3-43 所示。顶进丝杠可在提升架上下横梁上反方向各设置一个，以增加其刚度，如图 3-44 所示。

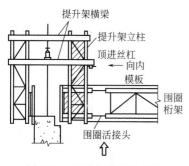

图 3-43　平移提升架立柱法

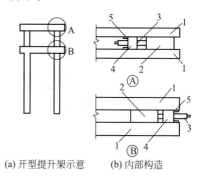

(a) 开型提升架示意　(b) 内部构造

图 3-44　提升架横梁调整装置

A—上横梁；B—下横梁；1—提升架横梁；2—提升架立柱；3—顶进丝杠；4—顶丝座；5—挡块

（2）调整围圈法　在提升架立柱上设置调整围圈与模板位置的丝杠（螺栓）和托梁，当模板滑升至变截面的高程，只要调整丝杆移动围圈就能将模板调整至变截面要求的位置，如图 3-45 所示。

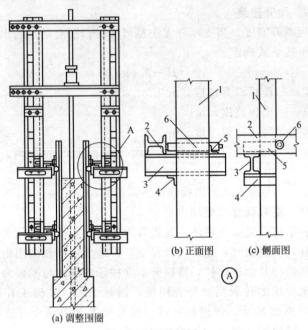

(b) 正面图　　(c) 侧面图

(a) 调整围圈

图 3-45　调整围圈法

1—提升架立柱；2—围圈；3—围圈托梁；4，5—围圈托梁卡件（滑道）；6—丝杠

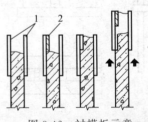

图 3-46　衬模板示意

1—滑升模板；2—衬模板

（3）衬模板法　按变截面结构宽度制备好衬模，待滑升至变截面部位时，将衬模固定于滑升模板的内侧，随模板一起滑升，如图 3-46所示。这种方法构造比较简单，缺点是需另制作衬垫模板。

3.2.2　预埋件、孔洞、门窗及线条的留设

3.2.2.1　预埋件的留设

预埋件安装需位置准确，固定牢靠，不得突出模板表面。滑模施工前，预埋件出模后，应立即清理使其外露，其位置偏差需满足现行国家标准《混凝土结构工程施工质量

验收规范》（GB 50204—2015）的要求。通常不应大于 20mm。对于安装位置和垂直度要求较高的预埋件，不应以操作平台上的某点作为控制点，防止因操作平台出现扭转而使预埋件位置偏移；应采用线锤吊线或经纬仪定垂线等方法确定位置。

3.2.2.2 孔洞及门窗的留设

（1）孔洞的留设 预留穿墙孔洞及穿楼板孔洞，可事先按孔洞的具体形状，用钢材、木材以及聚苯乙烯泡沫塑料、薄膜包土坯等材料，制成空心或实心孔洞胎模。

预留孔洞的胎模需有足够的刚度，其厚度应比模板上口尺寸小 5～10mm，并和结构钢筋固定牢靠。胎模出模后，应及时校对位置，及时拆除胎模，预留孔洞中心线的偏差不应大于 15mm。

（2）框模法 框模可事先采用钢材或木材制作，尺寸应比设计尺寸大 20～30mm，厚度应比内外模板的上口尺寸小 5～10mm。安装时应按照设计要求的位置和高程放置。安装后，应和墙壁中的钢筋或支承杆连接固定。也可用正式工程的门窗口直接作为框模，但需在两侧立边框加设挡条。挡条可用钢材或木材制成，通过螺钉与门窗框连接（图 3-47）。

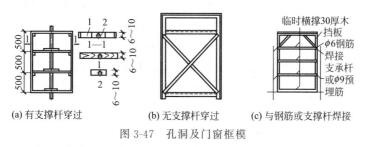

(a) 有支撑杆穿过   (b) 无支撑杆穿过   (c) 与钢筋或支撑杆焊接

图 3-47 孔洞及门窗框模

（3）堵头模板法 堵头模板通过角钢导轨与内外模板配合。当堵头模板和滑模相平时，随模板一同滑升。堵头模板应采用钢材制作，其宽度应比模板上口小 5～10mm（图 3-48）。

（4）预制混凝土挡板法 当利用正式工程的门窗框兼作框模，随滑随安装时，在门窗框的两侧及顶部，可设置预制混凝土挡板，挡板通常厚度为 50mm。宽度应比内外模板的上口小 10～20mm。为了避免模板滑升时将挡板带起，在制作挡板时可预埋一些木块，

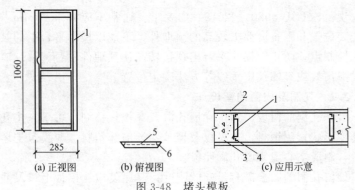

(a) 正视图　　(b) 俯视图　　　(c) 应用示意

图 3-48　堵头模板

1—堵头模板；2—滑升模板；3—墙体；4—∟25×3导轨；5—3mm 钢板；6—∟40×4

与门窗框钉牢；也可以在挡板上预埋插筋，与墙体钢筋连接。必要时，门窗框本身也应与墙体钢筋连接固定。

3.2.2.3　墙面线条的留设

（1）垂直线条的留设　当建筑物墙面具有垂直线条时，无论线条是凸出或凹槽形状，都可将该部位的模板做成凹凸形状。模板的凸出或凹槽部位也需考虑倾斜度，以利于滑升。

（2）横向线条的留设　横向线条的留设一般分为横向凹槽的留设和横向凸状线条的留设。

① 横向凹槽的留设。当建筑物墙面有横向凹槽状线条时，可以在混凝土中放置木条，等到模板滑升过后，立即将木条取出。

② 横向凸状线条的留设。当建筑物墙面设计有横向凸状线条时，可以在墙内预埋钢筋，等到模板滑升过后，将钢筋剔出，另支模后作。

对于横向凸状装饰线条的留设，也可采用预制装饰板后贴焊的方法，在混凝土墙体滑模施工时，留设预埋件，等到墙体施工后，再将预制装饰板与墙体贴焊（图 3-49）。

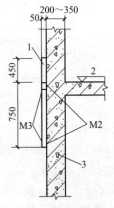

图 3-49　预制装饰板贴焊

1—预制装饰板；2—楼板；3—混凝土墙；M2,M3—预埋件

3.2.3 滑框倒模的施工

滑框倒模工艺基本保留了滑模工艺的提升方式及施工装置，因此兼有滑模施工的优点，如施工连续快速，设备配套定型简单可靠，节省脚手架搭设，操作方便以及改善施工条件等。

这种工艺主要由钢骨架支承系统、模板和液压提升系统三个部分组成。钢骨架支承系统包含滑道、围圈、支托、提升架、爬杆、操作平台、吊架等。液压提升系统包含液压千斤顶、电动油泵、液压控制装置和输油管等。

模板不与围圈直接挂钩，模板与围圈之间加设竖向滑道，滑道固定于围圈内侧，可随围圈滑升。滑道的作用相当于模板的支承系统，不仅能抵抗混凝土的侧压力，还可约束模板位移，且便于模板的安装。滑道的间距按模板的材质和厚度决定，通常为 300～400mm，长度为 1～1.5m，可采用外径为 30mm 左右的钢管。

滑框倒模用千斤顶作为提升机具，在液压控制装置的控制下所有千斤顶沿着爬杆一同向上爬升，从而带动提升架、操作平台、滑道上升，而模板却留在原地，当上升一个施工高度时（40cm），再将上部模板插入滑道内。

模板在施工时和混凝土之间不产生滑动，而与滑道之间相对滑动，即只滑框，不滑模。当滑道随围圈滑升时，模板附着于新浇筑的混凝土表面留在原位，在滑道滑升一层模板高度后，即可拆除最下一层模板，清理后，倒至上层使用，如图 3-50 所示。模板的高度和混凝土的浇筑层厚度相同，通常为 500mm 左右，可配置三或四层。模板的宽度，在插放方便的前提下尽可能加大，以减少竖向接缝。

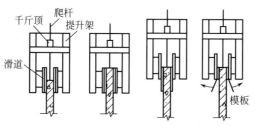

(a)插模板　(b)浇筑混凝土　(c)提升　(d)拆倒模板

图 3-50　滑框倒模示意

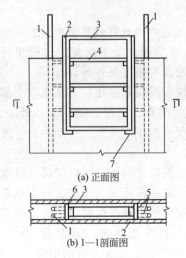

(a) 正面图

(b) 1—1剖面图

图 3-51　预制混凝土挡板

1—结构主筋；2—预制混凝土挡板；

3—窗框；4—加固支撑（50mm×

100mm 木枋）；5—预埋插筋；

6—滑动模板；7—垫块

3.2.3.1　门窗及孔洞留设方法

（1）预制混凝土挡板法　当利用正式工程的门窗框兼作框模并随滑随安装时，在门窗框的两侧和顶部可设置预制混凝土挡板，挡板厚度一般为 50mm。宽度应比内外模板的上口小 10～20mm。为了避免模板滑升时将挡板带起，在制作挡板时，可预埋一些木块，和门窗框钉牢；也可在挡板上预埋插筋，和墙体钢筋连接。必要时，门窗框本身亦应与墙体钢筋连接固定，如图 3-51 所示。

（2）框模法　框模可事先用钢材或木材制作，如图 3-52 所示，尺寸最好比设计尺寸大 20～30mm，厚度应比内外模板的上口尺寸小 5～10mm。安装时应按设计要求的位置及标高放置。安装后，应与墙壁中的钢筋或支承杆连接固定。或者用正式工程的门窗口直接做框模，但需在两侧立边框架设挡条。挡条可用钢材或木材制作，用螺钉与门窗框连接。

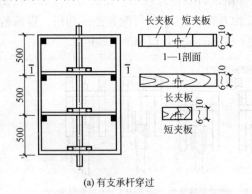

(a) 有支承杆穿过

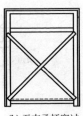

(b) 无支承杆穿过

图 3-52　门窗及孔洞框模

（3）堵头模板法　堵头模板通过角钢导轨和内外模板配合。当堵头模板和滑模相平时，随模板一起滑升。堵头模板宜采用钢材制作，其宽度通常比模板上口小 5～10mm，如图 3-53 所示。为了避免滑升时混凝土掉角，可在孔洞棱角处的模板里层加衬一层白铁皮护角板。当模板滑升时，护角板不动，在整个门窗孔洞脱模后，将护角板取下，继续用于上层门窗孔洞的施工。护角板的长度应为 1m 左右。

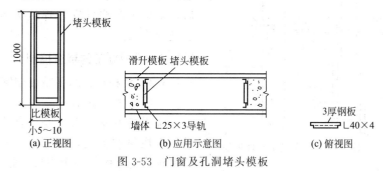

(a) 正视图　　　　　(b) 应用示意图　　　　(c) 俯视图

图 3-53　门窗及孔洞堵头模板

（4）小孔洞的留设　对于较小的预留穿墙孔洞与穿楼板孔洞，可预先按孔洞的具体形状，用钢材、木材、聚苯乙烯泡沫块或塑料薄膜包土坯等材料，制成空心或实心孔洞胎模。孔洞胎模的尺寸应比设计要求的尺寸偏大 50mm 左右，其厚度通常比内外模板上口小 10～20mm。当洞口胎模采用钢材制作时，其四个侧边应略有倾斜，以便模板滑升后取出。为了方便洞口胎模的取出，可用角钢和丝杠制成一个取洞口模的工具，如图 3-54 所示，只需转动丝杠，洞口模即可取出。

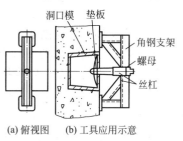

(a) 俯视图　　(b) 工具应用示意

图 3-54　取洞口模工具

3.2.3.2　墙面线条的留设

① 当建筑物墙面有垂直线条时，线条为凸出或凹槽形状，均可将该部位的滑升模板做成凹凸形状。模板的凸出或凹槽部位也应考虑倾斜度，以利于滑升。

② 当建筑物墙面有横向凹槽状线条时，可在混凝土中放入木条，待模板滑升过后，立即将木条取出。

③ 当建筑物墙面设计有横向凸状线条时，可在墙内预埋钢筋，在模板滑升后，将钢筋剔出，另支模后做调直（图 3-55）；也可在墙内留有埋设件，待模板滑升后，采用预制构件安装焊接等方法进行施工。

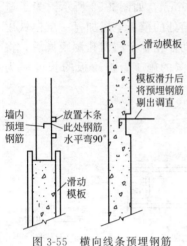

图 3-55 横向线条预埋钢筋

3.2.4 滑模施工的精度控制

3.2.4.1 滑模施工水平精度控制

在模板滑升过程中，整个模板系统保持水平上升，是确保滑模施工质量的关键，也是直接影响建筑物垂直度的一个主要因素。由于各千斤顶不可能绝对同步，虽然每个行程可能差距不大，但累计起来就会使模板系统产生较大升差，如不及时加以控制，不仅建筑物垂直度难以保证，也会使模板结构产生变形，影响工程质量。

目前，对千斤顶升差（即模板水平度）的控制，主要有以下几种方法。

（1）限位调平器控制法　限位调平器是在 GYD 型或 QYD 型液压千斤顶上改制增加的一种调平装置。图 3-56 所示是筒形限位调平器，主要由筒形套与限位挡体两个部分组成，筒形套的内筒伸入千斤顶内直接与活塞上端接触，外筒与千斤顶缸盖的行程调节帽螺纹连接。

限位调平器工作时，先将限位挡按调平要求的高程固定在支承杆上，限位调平器随千斤顶滑升过程中，每当千斤顶全部升到限位挡体处一次，模板系统即可自动限位调平一次。这种方法简便易行，投资少，是确保滑模提升系统同步工作的有效措施。

（2）限位阀控制法　限位阀是在液压千斤顶的进油嘴处增加的一个控制供油的顶压截止阀，如图 3-57 所示。限位阀体上有两个油嘴：一个连接油路；另一个通过高压胶管和千斤顶的进油嘴连接。

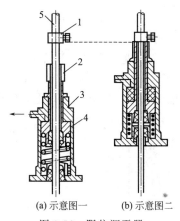

图 3-56   限位调平器

1—限位挡体；2—筒形套；3—千
斤顶；4—活塞；5—支承杆

(a) 示意图一   (b) 示意图二

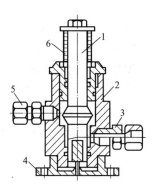

图 3-57   限位阀

1—阀芯；2—阀体；3—出油嘴；
4—底座；5—进油嘴；6—弹簧

使用时，将限位阀安装在千斤顶上，随千斤顶向上爬升，当限位阀的阀芯被装在支承杆上的挡体顶住时，油路中断，千斤顶停止爬升。所有千斤顶的限位阀均被限位挡体顶住后，模板即可实现自动调平。

限位阀的限位挡体与限位调平器的限位挡体的基本构造相同，其安装方法也相同。所不同的是：限位阀是通过控制供油；限位调整平器是控制排油来达到自动调平的目的。

（3）激光自动调平控制法   激光自动调平控制法是利用激光平面仪与光电元件供电磁阀启动和关闭来控制千斤顶的油路，达到自动调平的目的。

图 3-58 是一种比较简单的激光自动控制方法。激光平面仪安装在施工操作平台的恰当位置，水准激光束的高度为 2m 左右。每

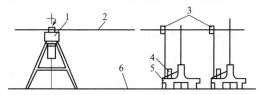

图 3-58   激光平面仪控制千斤顶爬升示意

1—激光平面仪；2—激光束；3—光电信号装置；4—电磁阀；
5—千斤顶及提升架；6—施工操作平台

个千斤顶都配备一个光电信号接收装置。它收到的脉冲信号经放大以后，使控制千斤顶进油口处的电磁阀开启或关闭。

图 3-59 所示为激光控制千斤顶爬升原理。当千斤顶无升差时，继电器 K1 动作，绿色信号灯发光，常开式电磁阀不关闭，千斤顶正常爬升。当千斤顶偏高时，激光束射在下一块硅光电池上，继电器 K2 动作，接通电磁阀的电路，使千斤顶停止爬升。

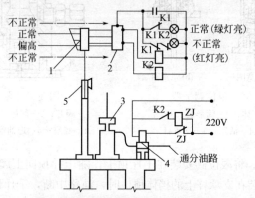

图 3-59 激光束控制千斤顶爬升原理

1—光电信号装置；2—信号放大装置；3—千斤顶；4—电磁阀；5—高度调节螺阀

在排油的时候，必须使电磁阀断电，保证千斤顶里的油液可以排出。当某个光电信号装置受到干扰，或因遮挡影响无激光信号输入，继电器 K1 和 K2 会停止工作，表示不正常的红色信号灯发光。操作人员可根据激光平面所在高度进行调整，使光电信号装置重新工作。这种控制系统通常可使千斤顶的升差保持在 10mm 范围内，但应注意防止日光的影响导致控制失灵。

（4）滑模施工水平度截止阀控制法

截止阀通常安装在千斤顶的油嘴与油管之间的油路上，如图 3-60 所示。施工中，通过手动旋紧或旋松截止阀芯，来关闭或打开油路。其工作原理与限位阀相似。

3.2.4.2 滑模施工垂直度的观测

在滑模施工中，影响建筑物垂直度

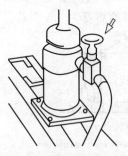

图 3-60 截止阀安装示意

的因素有许多，如千斤顶不同步引起的升差、滑模装置刚度不够出现变形、操作平台荷载不均匀、混凝土的浇筑方向不变和风力、日照的影响等。为了消除以上因素的影响，除采取一些有针对性的预防措施外，在施工中还需加强观测，并及时采取纠偏、纠扭措施，以使建筑物的垂直度始终得到控制。观测建筑物垂直度的方法繁多，除一般常用的线锤法、经纬仪法之外，近年来，许多单位采用激光导线法、激光导向法和导电线锤法等方法进行观测，收效较好。

（1）激光导线法　激光导线法主要用于观测电梯井的垂直偏差情况，同时和外筒大角激光导向观测结果相互验证，并可考虑平台刚度对内筒垂直度的影响。

在底层预先测设垂直相交的基准导线，如图 3-61 所示，用激光经纬仪通过楼板预留洞。施工中，随模板滑升将此控制导线逐渐引测至正在施工的楼层。据此量出电梯井壁的实际位置，与基准位置对比，即可得出电梯井的偏扭结果。如再与外筒观测数据对比，则可检验平台变形情况。

（2）激光导向法　激光导向法可在建筑物外侧转角处，分别设置固定的测点，如图 3-62 所示。模板滑升前，在操作平台对应地面测点的部位安装激光接收靶，接收靶由毛玻璃、坐标纸和靶筒等组成。接收靶的原点位置与激光经纬仪的垂直光斑重合，如图 3-63 所示。施工中每个结构层至少观测一次。

图 3-61　激光导线法

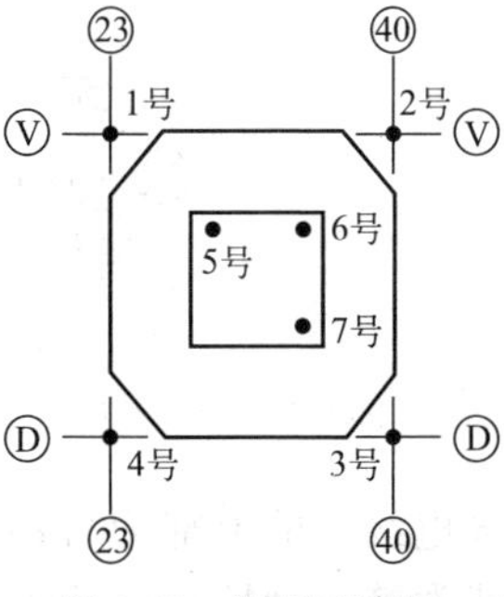

图 3-62　测平面布置

注：" • " 是观测点位置

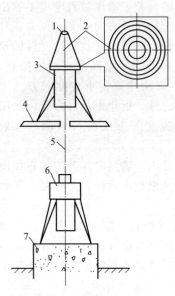

图 3-63　激光靶示意

1—观测口；2—激光靶；3—遮光筒；
4—操作平台；5—轴线；6—激光
铅直仪；7—混凝土底座

在测点水平钢板上安放激光经纬仪，直接和钢板上的十字线所表示的测点对中，仪器调平校正并转动一周，消除仪器本身的误差。然后，以仪器射出的铅直激光束打在接收靶上的光斑中心为原点位置，记录在观测平面图上。施工中，只要将检测光斑与接收靶原点位置对比，就能够得知该测点的位移。

（3）导电线锤法　导电线锤是一个质量较大的钢铁圆锥体，重 20kg 左右。线锤的尖端有一根导电的紫铜棒触针。使用时，靠一根直径为 2.5mm 的细钢丝悬挂在吊挂机构上。导电线锤的工作电压为 12V 或 24V。通过线锤上的触针和设在地面上的方位触点相碰，可以从液压控制台上的信号灯光得知垂直偏差的方向和大于 10mm 的垂直偏差。导电线锤工作原理如图 3-64 所示。

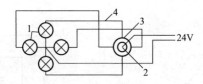

图 3-64　导电线锤工作原理

1—液压控制台信号灯；2—线锤上的触针；3—触点；4—信号线路

导电线锤的上部为自动放上挂装置，如图 3-65 所示。其主要由吊线卷筒、摩擦盘、吊架等组成。吊线卷筒分为两段，分别缠绕两根钢丝绳，一根为吊线，另一根为拉线，可分别绕卷筒转动。为了使线不会因质量太大而自由下落，在卷筒一侧设置摩擦盘，并在轴向安设一个弹簧，来增加摩擦阻力。当吊挂装置随模板提升时，固定在地面上的拉线即可使卷筒转动将吊线同步自动放长。

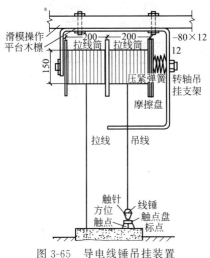

图 3-65 导电线锤吊挂装置

3.2.4.3 垂直度的控制

（1）平台倾斜法 平台倾斜法又称调整高差控制法。其原理是：当建筑物出现向某侧位移的垂直偏差时，操作平台的同侧通常会出现负水平偏差。据此，我们可以在建筑物向某侧倾斜时，将该侧的千斤顶升高，使该侧的操作平台高于其他部位，产生正水平偏差，然后将整个操作平台滑升一段高度，其垂直偏差即可随之得到校正。对于千斤顶需要的高差，可预先在支承杆上做出标志（可通过抄平拉斜线，最好采用限位调平器对千斤顶的高差进行控制）。

（2）双千斤顶法 双千斤顶法又称双千斤顶纠扭法。其原理是：当建筑物平面为圆形结构时，沿圆周等间距地间隔布置数对双千斤顶，将两个千斤顶置于槽钢挑梁上，挑梁和提升架横梁垂直连接，使提升架由双千斤顶承担，通过调节两个千斤顶的提长高度，来纠正滑模装置的扭转。双千斤顶如图 3-66 所示。

（3）外力法 当建筑物出现扭转偏差时，可沿扭转的反方向施加外力，使平台在滑升过程中逐渐向回扭转，直至达到要求为止。具体做法是：采用手扳葫芦或倒链（3～5t）作为施加外力的工具，

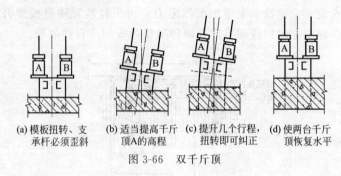

(a) 模板扭转、支　　(b) 适当提高千斤　　(c) 提升几个行程，　　(d) 使两台千斤
　　承杆必须歪斜　　　　顶A的高程　　　　扭转即可纠正　　　　顶恢复水平

图 3-66　双千斤顶

一端固定在已有一定强度的下一层结构上，另一端和提升架立柱相连。当扳动手扳葫芦与倒链时，相对结构形心，可以得到一个较大的反向扭矩。

（4）变位纠偏器纠正法　变位纠偏器纠正法是在滑模施工中，通过变动千斤顶的位置，推动支承杆产生水平移动，达到纠正滑模偏差的一种纠扭、纠偏方法。

变位纠偏器实际是千斤顶和提升架的一种可移动的安装方式，其构造与安装如图 3-67 所示。

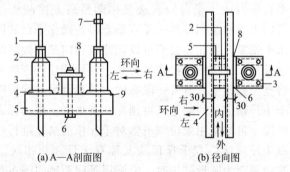

(a) A—A剖面图　　　　　　(b) 径向图

图 3-67　变位纠偏器

1—φ25 支承杆；2—变位螺钉 M16；3—千斤顶；4—开字架下横梁；5—千斤顶扁担梁；
6—变位螺钉下担板；7—限位调平卡；8—变位螺钉上担板；9—千斤顶垫板

当纠正偏、扭时，只需将变位螺钉稍微松开，即可按要求的方向推动千斤顶使支承杆移动后，再将变位螺钉拧紧。通过改变支承杆的方向，达到纠偏、纠扭的目的。

（5）顶轮纠偏控制法 顶轮纠偏方法是利用已滑出模板下口并具有一定强度的混凝土作为支点，通过改变顶轮纠偏装置的几何尺寸而产生一个外力，在滑升过程中，逐步顶移模板或平台，以达到纠偏的目的。纠偏撑杆可铰接于平台桁架上，如图 3-68（a）所示；也可铰接于提升架上，如图 3-68（b）所示。

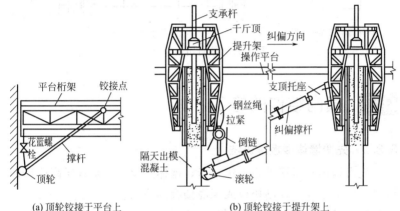

(a) 顶轮铰接于平台上　　　　　(b) 顶轮铰接于提升架上

图 3-68　顶轮纠偏控制法

顶轮纠偏装置由撑杆顶轮与花篮螺钉（或倒链）组成。撑杆的一端与平台桁架或提升架铰接。另一端安装一个轮子，并顶在混凝土墙面上。花篮螺丝（或倒链）一头挂在平台桁架的下弦上，另一头挂在顶轮的撑杆上。当收紧花篮螺丝（或倒链）时，撑杆的水平投影距离增加，使顶轮紧紧顶住混凝土墙面，在混凝土墙面的反力作用下，围圈桁架（包括操作平台、模板等）向相反方向移动。

（6）导向纠偏控制法 当发现操作平台的外墙中部联系较弱的部位产生圆弧状的外胀变形时，可通过限位调平器将整个平台调成锅底状，按照图 3-69 所示的方法进行校正。调整操作平台产生一个向内倾斜的趋势，使原来因构件变形而伸长的模板投影水平距离稍有缩短。同时，千斤顶的位置高差，使外筒的提升架（图中 4 号）也产生一定的倾斜，改变了原有的模板倾斜度，这样，利用模板的导向作用及平台自重产生的水平分力促使外胀的模板向内移位。同样，对局部偏移较大的部位，也可使用这种方法来改变模板倾斜度，使偏移得到纠正和控制。

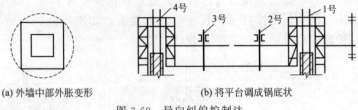

(a) 外墙中部外胀变形   (b) 将平台调成锅底状

图 3-69　导向纠偏控制法

3.3 横向结构的施工

3.3.1 先滑墙体楼板跟进法

先滑墙体楼板跟进施工法是指，墙体连续滑升至数层高度后即可自下而上地插入预制楼板或现浇楼板的施工。

3.3.1.1 现浇楼板的施工工艺

当采用先滑墙体模板现浇楼板跟进施工工艺时，楼板的施工顺序是自下而上地进行。对于现浇楼板的施工，在操作平台上也可以不设置活动平台板，而由设置在外墙窗口处的受料台，将所需材料吊入房间，再用手推车运到施工地点。

先滑墙体模板现浇楼板跟进施工工艺，质量优劣的关键在于现浇楼板和墙体的连接方式。根据工程实践经验，主要有钢筋混凝土键连接及钢筋销与凹槽连接两种。

（1）钢筋混凝土键连接　当墙体模板滑升至每层楼板标高时，沿墙体间隔一定的间距要预留孔洞，孔洞的尺寸按设计要求确定。在通常情况下，预留孔洞的宽度为 200～400mm，孔洞的高度为楼板的厚度，或楼板厚度上下各加 50mm，以便于进行操作。相邻孔洞的最小净距离需大于 500mm。相邻两间楼板的主筋，可从预留孔洞中穿过，并与楼板的钢筋连成一体，然后同楼板一起浇筑混凝土，孔洞处即构成钢筋混凝土键。钢筋混凝土键的连接，如图 3-70 所示。

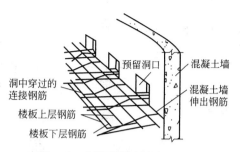

图 3-70 钢筋混凝土键连接方法

（2）钢筋销与凹槽连接 当墙体模板滑升到每层楼板标高时，沿墙体间隔一定的间距，预埋插筋和设置通长的水平嵌入固定凹槽，如图 3-71 所示。待预埋插筋与设置通长的水平嵌入固定凹槽脱模后，将预埋插筋扳直，并修整好凹槽，并和楼板钢筋连成一体，然后浇筑楼板混凝土。

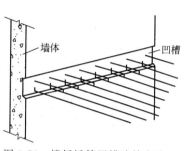

图 3-71 楼板插筋凹槽连接方法

预埋插筋的直径不宜过大，通常为 8～10mm，否则不易将其扳直。预埋插筋的间距，主要取决于楼板的配筋情况，可按设计要求通过计算确定。楼板的配筋可均匀分布，其整体性较好。但预埋插筋和凹槽比较麻烦，在扳直插筋时，容易损坏墙体混凝土，因此通常只用于一侧有楼板的墙体工程。此外，也可在墙体施工时，采用预埋钢板与楼板钢筋焊接的连接方法。

现浇楼板的模板，除可采用支柱定型组合钢模板等常见安装方法外，还可利用在梁、柱子和墙体预留孔洞，或者设置临时牛腿、插销和挂钩，作为桁架支模的支承点；当外墙为开敞式时，也可采用台模施工工艺，如图 3-72 所示。

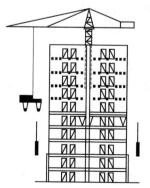

图 3-72 现浇楼板的台模施工

3.3.1.2 预制楼板的施工工艺

预制楼板的施工工艺，是当墙体施工至数层后，即可自下而上地隔层插入楼板，进行楼板的安装工作。这种施工工艺的具体做法是：每间操作平台上需要安装活动平台板，在安装楼板时，先将操作平台的活动平台板揭开，由活动平台的洞口吊入预制楼板进行安装，如图3-73所示。

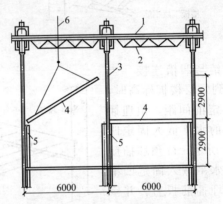

图 3-73　间隔数层安装楼板的方法
1—操作平台；2—平台桁架；3—预留孔洞；
4—预制楼板；5—支柱；6—起重索

由于楼板是间隔数层进行安装，其长度通常应小于房间的跨度。因此，在预制楼板安装时，需要设置临时支承。临时支承可采用预留孔洞、设置临时牛腿与支立柱等方法。如预制楼板和墙体采用永久牛腿连接时，可不必设置临时支承，直接将预制楼板安装在永久牛腿上。

预制楼板间隔数层安装方法，是目前提倡使用的一种施工工艺。这种安装法的优点是：墙体模板不必空滑，可以边施工墙体边安装预制楼板；但当楼板与墙体不采用永久牛腿支承时，需要设置临时支承，施工工艺比较麻烦，施工进度相对缓慢。

3.3.2 先滑墙体楼板降模法

先滑墙体楼板降模施工法，是针对现浇楼板结构而采用的一种施工工艺。

悬吊降模构造如图 3-74 所示。

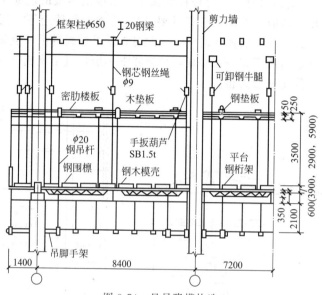

图 3-74 悬吊降模构造

（1）楼板施工　采用降模法施工时，现浇楼板和墙体的连接方式基本与采用间隔数层楼板跟进施工工艺的做法相同，其梁板的主要受力支座部位，应采用钢筋混凝土键连接方式，即事先在墙体预留孔洞，使相邻两间楼板的主筋通过孔洞连成一个整体。非主要受力支座部位，可采取钢筋销凹槽等连接方式。如果采用井字形密肋双向板结构，则四面支座均需采用钢筋混凝土键连接方式。

对于外挑阳台与通道板等，可采用现浇和预制两种方式，均可采用在墙体预留孔洞的方式解决。当阳台与通道板为现浇结构时，阳台的主筋可通过墙体孔洞与楼板连接成一个整体，楼板和阳台可同时施工；当阳台与通道板为预制结构时，可将预制阳台及通道板的边梁插入墙体孔洞，并使边梁的尾筋锚固在楼板内，与楼板的主筋焊在一起；也可焊在楼板面的预埋件上。阳台与通道板的吊装时间可与楼板同步，也可待楼板施工后再安装。

（2）工艺要点　当墙体连续滑升到顶或滑升至 8～10 层高度后，将事先在底层按每个房间组装好的模板，用卷扬机或其他提升机具缓慢提升到要求的高度，再用吊杆悬吊在墙体预留的孔洞中（图 3-75）后即可进行该层楼板的施工。当该层楼板的混凝土达到拆模强度要求时（严禁低于设计要求），可将模板降至下一层楼板的位置，进行下一层楼板的施工。此时，悬吊模板的吊杆也随之加长。这样，可施工完一层楼板，模板降下一层，直至完成全部楼板的施工，降至底层为止。

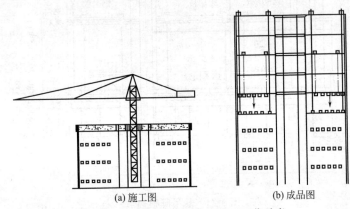

(a) 施工图　　　　　　　　(b) 成品图

图 3-75　先滑墙体楼板降模施工工艺示意

3.3.3　逐层空滑楼板并进

逐层空滑楼板并进施工，根据楼板的形成不同，可分为逐层空滑现浇楼板施工法和逐层空滑预制楼板施工法两种。

3.3.3.1　逐层空滑现浇楼板施工法

逐层空滑现浇楼板施工法，就是施工一层墙体后，进行一层楼板的混凝土浇筑，将墙体施工和现浇楼板逐层连续进行。这种施工方法的具体做法是：当墙板的模板向上空滑一定的高度，待模板下口脱空高度等于或略微大于现浇楼板的厚度后，将活动平台板吊起，进行现浇楼板的模板安装、钢筋绑扎及浇筑混凝土的施工，其施工过程如图 3-76 所示。

在采用逐层空滑现浇楼板施工法施工时，应当掌握以下施工要点。

（1）模板与墙体脱空范围　这是关系施工是否顺利及成功的关键，模板与墙体脱空范围，主要取决于楼板与阳台的结构情况。当楼板为单向板、横向墙体承重时，只需将横向墙体的模板脱空，非

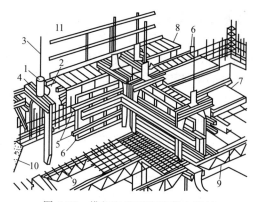

图 3-76 模板空滑现浇混凝土楼板

1—千斤顶；2—油管；3—支承架；4—提升架；5—围圈；6—模板；
7—活动平台板；8—固定平台板；9—楼板模板；10—墙体；11—栏杆

承重纵向墙体应比横向墙体多浇筑一段高度，通常情况为 50cm 左右，使纵向墙体的模板不脱空，以保持模板的稳定。

当楼板为双向板时，则全部内外墙体的模板均需要脱空，为保证模板的稳定，可将外墙的外模板适当加长，如图 3-77 所示。或者将外墙体的外侧 1/2 墙体多浇筑一段高度，通常情况为 50cm 左右，使外墙的施工缝部位成企口状，如图 3-78 所示，避免模板全部脱空后，产生平移或扭转变形，影响混凝土墙体的质量。

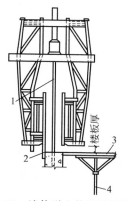

图 3-77 墙体脱空外墙模板加长

1—支承杆；2—外模加长；3—楼
板模板；4—楼板支柱

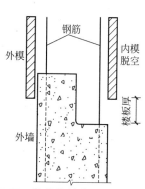

图 3-78 外墙体的企口施工缝示意

（2）现浇楼板模板的施工　逐层空滑楼板并进滑模工艺的现浇楼板施工，是在将活动平台板移开后进行的，与普通逐层施工楼板的工艺大致相同。可以采用传统的支柱法，即楼板采用钢组合模板或木胶合板，模板的下部设置桁架梁，通过钢管或木柱支承于下一层已施工的楼板上；也可以采用早拆模板体系，将模板和桁架梁等部件，分组支承于早拆柱头上。这种施工工艺可使模板的周转速度提高 2～3 倍，从而可大大减少模板的投入量，相应能降低工程造价。

3.3.3.2　逐层空滑预制楼板施工法

逐层空滑预制楼板施工法，也是楼板与墙体施工中常用的一种工艺。这种施工方法的具体做法是：当墙体滑升到楼板底部设计标高后，待混凝土达到脱模强度，将墙体模板继续提升，直至墙体混凝土全部脱模，再继续将模板向上空滑一定高度，这段高度应大于预制楼板厚度的一倍左右，然后在模板下口和墙体混凝土之间的空当处插入预制楼板。

逐层空滑预制楼板施工工艺的主要优点是：当施工完毕一层墙体后，即可插入安装一层预制楼板。这样为建筑物立体交叉施工创造了有利条件，加快了整体的施工速度，并确保施工期间的墙体结构稳定。但是，每层承重墙体的模板都需要空滑一定高度，在模板空滑之前，必须严格验算每根支承杆的稳定性，相对增加了工作量。

在进行墙体模板空滑时，为确保模板平台结构的整体稳定，应继续向非承重墙体模板内浇筑一定高度（500mm 左右）的混凝土，使非承重墙体的模板不产生脱空。预制楼板的安装如图 3-79 所示。

在安装预制楼板时，墙体混凝土的强度通常不应低于 2.5MPa。为了加快施工速度，每层墙体最上面一段（300mm 左右）的混凝土，可采用掺加早强剂的混凝土或将混凝土强度适度提高。也可采用支柱固定法，即将楼板架设在临时支柱上，使板端不压墙体。

在安装预制楼板之前，必须对墙体的标高进行认真检查，同时在每个房间内画出水平标准线，然后在墙体的顶部铺上配合比为

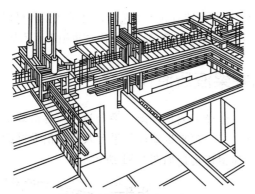

图 3-79 预制楼板安装示意

1：1、厚度为 5～10mm 的水泥砂浆进行找平。采用支柱固定法时，可以不抹水泥砂浆找平层。

在安装预制楼板时，先利用起重设备将操作平台的活动平台揭开，然后顺着房间的进深方向吊入楼板。待楼板缓慢下放到模板下口之间的空当时，将预制楼板做 90°的转向，然后进行就位。

为保证已浇筑墙体不受损坏，在安装预制楼板时，不得以墙体作为支点撬动楼板，也不得以模板或支承杆作为支点撬动楼板，同时禁止在操作时碰撞支承杆或蹬踩墙体。当发现墙体混凝土有损坏时，必须及时采取加固措施。

预制楼板安装后，模板下口至楼板表面之间的水平缝，通常可采用黑铁皮制成的角铁挡板加以堵塞，用木楔进行固定，当墙体模板滑升后，角铁挡板和模板自行脱离。模板下口与楼板表面水平缝的处理，如图 3-80 所示。

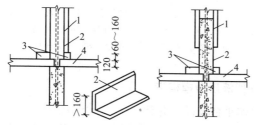

图 3-80　模板下口与楼板表面水平缝的处理示意

1—滑动模板；2—活动挡板；3—木楔；4—预制楼板

采用逐层空滑预制楼板施工工艺时，外挑式阳台可以采用现浇或预制的方法，其具体做法与逐层空滑现浇楼板施工工艺基本相同。

3.4 无井架液压滑模工艺

无井架液压滑模工艺是将操作平台与模板等荷载全部由支承杆承担，利用液压千斤顶来带动操作平台及模板沿筒壁滑升。

无井架液压滑模构造如图 3-81 所示。

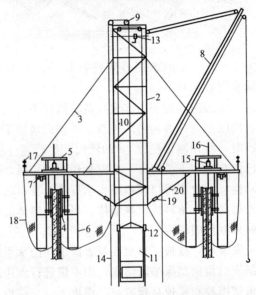

图 3-81　无井架液压滑模构造示意

1—辐射梁；2—随升井架；3—斜撑；4—模板；5—提升架；6—吊架；7—调径装置；8—拔杆；9—天滑轮；10—柔性滑道；11—吊笼；12—安全抱闸；13—限位器；14—起重钢丝绳；15—千斤顶；16—支承杆；17—栏杆；18—安全网；19—花篮螺栓；20—悬索拉杆

3.4.1　无井架液压滑模构造

3.4.1.1　操作平台及随升井架

（1）构架结构操作平台及随升井架的结构形式　其立面结构如图 3-82 所示。

构架结构操作平台由辐射梁作为平台结构的下弦，斜撑为上弦，与随升井架、内外钢圈等一同组成。这种平台结构简单，装拆便捷，适用于直径较小的烟囱施工。其平面布置如图 3-83 所示。

图 3-82　构架结构操作
平台立面示意

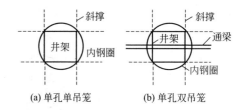

(a) 单孔单吊笼　　(b) 单孔双吊笼

图 3-83　构架结构操作平台平面示意

构架结构操作平台的随升井架最好采用单孔单吊笼 ［图 3-83(a)］或单孔双吊笼 ［图 3-83(b)］。斜撑设八根，可采用钢管或型钢制作。斜撑之间可加设水平支撑。

(2) 悬索结构操作平台及随升井架的结构形式　其立面结构形式如图 3-84 所示。

悬索结构操作平台内钢圈采用上、下双圈形式，使用型钢拉杆将上、下钢圈连接成鼓式整体，在辐射梁下部设置圆钢拉杆，与下钢圈组成悬索结构。

悬索结构操作平台的稳定性和刚度都较好，适用于大直径的烟囱施工。其平面布置如图 3-85 所示。

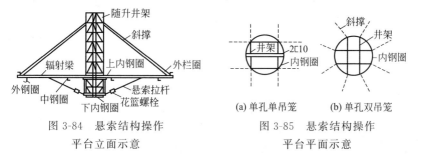

图 3-84　悬索结构操作
平台立面示意

(a) 单孔单吊笼　　(b) 单孔双吊笼

图 3-85　悬索结构操作
平台平面示意

悬索结构操作平台的随升井架最好采用单孔单吊笼 ［图 3-85(a)］或单孔双吊笼 ［图 3-85(b)］。斜撑可选用钢管或型钢制作。斜撑之间应设置水平支撑。

　　操作平台及随升井架的构造实例为：随升井架可采用角钢或钢管制作，并用工具式构件组合而成，高度为 7.5～10.5m。下面是单孔双吊笼随升井架的实例，以供参考，如图 3-86 所示。

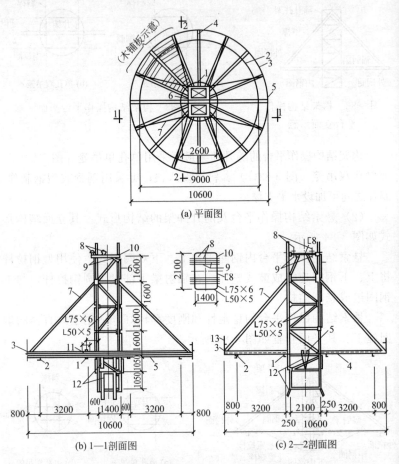

(a) 平面图

(b) 1—1剖面图　　　　　　　　(c) 2—2剖面图

图 3-86　构架结构平台单孔双吊笼随升井架

1—内钢圈（[14）；2—外钢圈（[14）；3—外栏圈（[14）；4—辐射梁（2[10）；
5—通梁（2[20）；6—随升井架；7—钢管斜撑（φ80）；8—吊笼滑轮（φ300）；
9—导索滑轮（φ200）；10—滑轮横梁（[12）；11—拔杆底座；
12—钢挡板（厚4mm）；13—栏杆

（3）辐射梁与钢圈　操作平台的平面滑架由辐射梁和内、外钢圈等组成，辐射梁与钢圈采用螺栓连接。每组辐射梁由两根 10 号或 12 号槽钢构成，通常辐射梁内端伸至内钢圈里皮，外端伸出外钢圈 $500\sim800mm$。

内、外钢圈通常用槽钢制成，为了方便制作安装，可将钢圈分段制作，安装时用夹板和螺栓连接成整体。钢圈连接节点构造如图 3-87 所示。

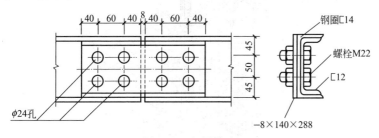

图 3-87　钢圈节点

3.4.1.2　模板与围圈

① 模板通常分为固定、活动和收分模板三种。其规格可根据具体施工选用。

② 围圈分为固定围圈与活动围圈，固定围圈的长度略大于固定模板的宽度，活动围圈的长度比一组活动模板加一块或两块收分模板的总和稍微长些，搭在固定围圈上。围圈构造如图 3-88 所示。

③ 模板和围圈的布置：模板和围圈的布置应满足变弧度、变截面的需要。

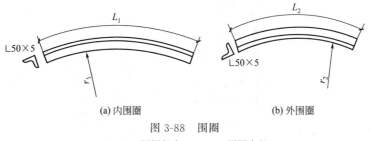

(a) 内围圈　　　　　　　　　(b) 外围圈

图 3-88　围圈

L_1，L_2—围圈长度；r_1，r_2—围圈半径

3.4.1.3 提升架、调径装置、调整和顶紧装置及吊架

平台的辐射梁是提升架的滑道。每组辐射梁上部或下部设置有调径装置。吊架固定在提升架上，随提升架向内移动。提升架和模板、平台的组装如图 3-89 所示。

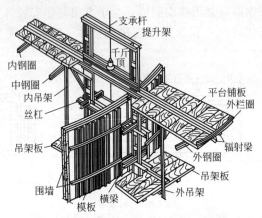

图 3-89 提升架、模板、操作平台组装

烟囱筒壁厚度的变化是通过提升架上的活动围圈顶紧装置及固定围圈调整装置来控制的。调径装置如图 3-90 所示。

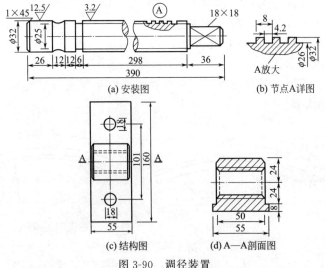

(a) 安装图   (b) 节点 A 详图

(c) 结构图   (d) A—A 剖面图

图 3-90 调径装置

3.4.1.4 垂直运输

无井架液压滑升模板施工是在操作平台上安装一个随升井架，在井架上设置柔性滑道，装置吊笼进行垂直运输。吊笼在柔性滑道升降起落，为避免提升吊笼断绳，发生吊笼坠落事故，在吊笼上安装安全抱闸装置。吊笼如图 3-91 所示。安全抱闸如图 3-92 和图 3-93 所示。

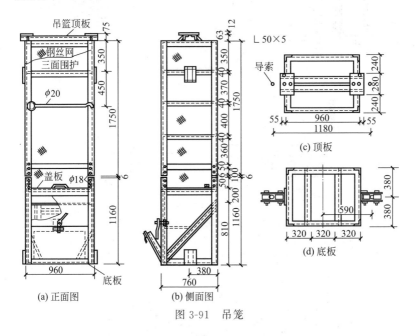

图 3-91　吊笼

3.4.2　无井架液压滑模施工方法

（1）模板的提升　模板提升前，先放下吊笼，放松导索，查看支承杆有无脱空现象，结构钢筋与操作平台有无挂连之处，然后开始提升。

每次提升高度可选择 250mm 或 300mm，提升后拉紧导索再开始上料。因故不能连续提升时，每隔 1～2h 将千斤顶提升1～2 个行程，防止混凝土与模板黏结。掌握好提升的时间和进度，是确保滑出模板的混凝土不流淌、不坍落、表面光滑的关键。

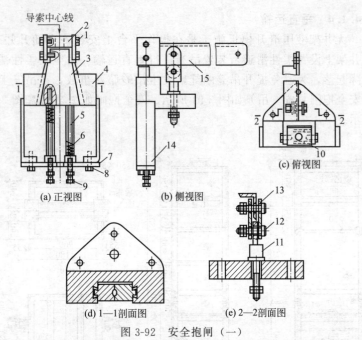

(a) 正视图 (b) 侧视图 (c) 俯视图

(d) 1—1剖面图 (e) 2—2剖面图

图 3-92 安全抱闸（一）

1—螺钉；2—刹车导向块；3—滑块；4—抱闸体；5—顶杆；6—弹簧；
7—托板；8—螺栓；9—调节螺钉；10—平头螺钉；11—支座；
12—销子；13—连接板；14—托板；15—杠杆

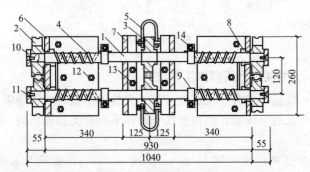

图 3-93 安全抱闸（二）

1—轴；2—偏心轮；3—半齿轮；4—扭转弹簧；5—卸扣；6—轴支架（∟200×
125×12）；7—轴支架（∟140×80×10）；8—轴套；9—弹簧卡（-30×4）；
10—挡板；11—沉头螺栓（M10×20）；12—六角螺栓（M16×50）；
13—六角螺栓（M14×50）；14—六角螺栓（M10×40）

施工中在外模板下围圈下部，用 3/8″钢丝绳和一只 1t 捯链将模板捆紧，这种方法是避免混凝土漏浆的有效措施。

（2）升差的调整　滑模在施工过程中，平台必须保证水平，应随时检查调整千斤顶的升差。

（3）模板的收分及半径的检查　模板的收分可依据每次提升的高度与筒壁外表面坡度，求出该高度半径需收分的尺寸。每提升一次，拧动收分装置丝杠收分一次。

每提升两次，检查一次模板的半径，最后一次最好在交接班时进行。

检查方法，按混凝土新浇灌面标高的筒身设计半径，在尺杆上做出标记，采取激光铅直仪或吊线法找中，然后实测模板的半径并做好记录，作为继续提升时调整半径及水平的依据。

活动模板的抽出，在模板提升之后浇筑混凝土之前进行。当模板收分至重叠一块时，应及时将活动模板抽出。

3.4.3　特殊部位的施工

3.4.3.1　烟道口、出灰口的支承杆加固方法

（1）假柱法　在浇筑筒壁的同时，浇筑假柱混凝土，将支承杆包裹。等到模板滑过洞口后，再将假柱混凝土打掉。此法适用于出灰口等较小洞口，如图 3-94 所示。

（2）角钢加固法　在支承杆旁设置两根角钢，埋入筒壁深度 300mm 左右。角钢和支承杆之间用钢筋随模板滑升焊接。此方法通常用于方形烟道口，如图 3-95 所示。

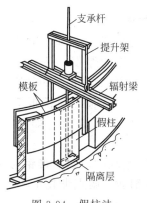

图 3-94　假柱法

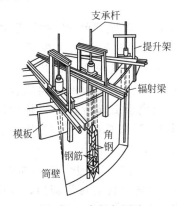

图 3-95　角钢加固法

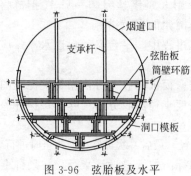

图 3-96 弦胎板及水平
钢筋加固法

（3）弦胎板及水平钢筋加固法 应在不大于 300～400mm 高度设置一层弦胎板，长度 0.8～1m 为宜，在支承杆通过弦胎板处可以刻出豁口，支承杆则卡入豁口内。在每道弦胎板上表面设置一根水平钢筋，压住弦胎板并与支承杆焊牢。此方法通常用于圆形烟道口，如图 3-96 所示。

（4）砌砖加固法 对洞口处的支承杆采用分段加帮条并加强和环筋连接，并在洞口模板内用泥砌砖，随滑随砌，以增强支承杆刚度，以免变形，如图 3-97 所示。

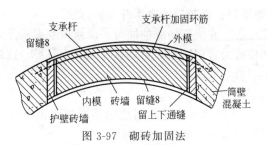

图 3-97 砌砖加固法

3.4.3.2 筒壁"单滑"牛腿部位施工方法

（1）同时施工法 模板滑升到牛腿底部标高时，调整内模板，使其向里松开，松开的距离等于牛腿的厚度，然后安装牛腿木模板。木模板可以制成长 900mm、宽 500mm 左右的定型板。当模板上端滑过牛腿顶面后，安装木盒板。当模板下端滑过牛腿顶部标高后，松开内模，将木盒板取出，如图 3-98 所示。

（2）分开施工法 在牛腿处筒壁混凝土预埋"7"形钢筋（圆钢），等到模板滑过牛腿后，立即挖出钢筋。调直绑扎牛腿钢筋、支模浇筑混凝土，如图 3-99 所示。

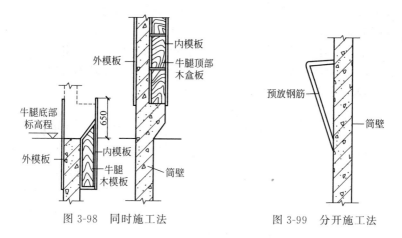

图 3-98 同时施工法　　　　　图 3-99 分开施工法

（3）两段模板施工法　将内模板设计成上、下两段（即内甲、内乙）。两段分别通过调整螺栓和抽拔支撑与提升架的立柱连接。当滑升至牛腿部位，先将内甲、内乙向内移到设计位置。牛腿施工后，将内甲、内乙拉出。等到模板滑升过牛腿位置后，进行正常滑升，如图 3-100 所示。

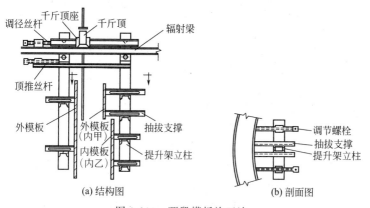

图 3-100　两段模板施工法

3.4.3.3　筒首的施工方法

当滑升模板的上端提升至筒首的底部标高时，即停止提升，等到已浇筑的混凝土达到可以松开模板的强度时，将外模调松，将模板下口提到反锥度处，然后再将外模调到设计锥度，浇筑混凝土。等到混凝土硬化到一定程度后，松开模板向上提升一段，再浇筑一段混凝土，如此循环直到施工完毕。由于反锥度的一段空滑高度较大，需做好空滑加固。筒首花格的设计造型，用预埋木盒的方法成型，脱模后将木盒取出。

3.4.3.4　筒壁镶嵌字号的施工

（1）填塞法　根据字号的大小，按照实际尺寸在纤维板上放样，按滑模施工需要自下而上分成 10 层，顺序编号。先根据高程埋设第一层字形，在字形背后附加一条 −40×4 的扁铁，然后使用短钢筋顶位扁铁，并与筒壁钢筋焊接。滑升时，依次将上层编号纤维板字形埋入外模边上，出模后，拆掉纤维板，在凹陷处抹白水泥，以确保其字边棱角方正、字号清晰。

（2）镶贴法　滑模施工到预定标高时，停止滑升，在筒壁表面弹出字号，将字号处表面混凝土凿毛，用水冲洗湿润后，在基层涂抹 1∶2.5 水泥砂浆找平层至筒壁表面平整。然后，一种是按字号大小用 1∶2 水泥砂浆粉饰出字形，外刷红色耐久性防水涂料；另一种是按照字号大小在 1∶1 水泥砂浆黏结层（厚 10mm）由上而下粘贴红色瓷板或玻璃锦砖，确保接缝整齐，字号边框做出宽 50mm、高 10m 凸状。

（3）埋焊法　根据字号大小，在筒壁内预埋铁件，出模后，清理铁件表面，分段将预制好的不锈钢字焊上，涂刷防锈漆和红色标志漆。

3.4.3.5　航空标志的涂刷

筒壁外表面红白相间航空标志的涂刷，因为刚脱模的混凝土含水率大，可采用外挂式升降吊篮滞后一步进行。即沿筒壁均匀设置 4 个吊篮，利用上人罐笼加载作为配重，牵引吊篮同步升降，其布置如图 3-101 所示。

涂刷前，先自下而上对混凝土筒壁表面进行清理，然后，从上到下分段涂刷涂料，完成一段后，放松棕绳，启动 5t 卷扬机使罐笼上升，牵引 4 个吊篮同时下降 1 个工作段，如此循环，直到吊篮落至地面。移动筒首的吊篮活式承重架，再重复上述工序，直到完成涂刷工作。

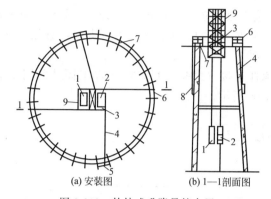

(a) 安装图   (b) 1—1剖面图

图 3-101 外挂式升降吊篮布置

1—上人吊笼；2—罐笼做配重；3—导向滑轮；4—φ13 钢丝绳；5—活动式
吊篮承重架；6—定滑轮；7—提升架；8—吊篮；9—平台井架

3.4.3.6 支承杆作永久避雷导线

从已施工完毕的永久避雷接地极上，沿着烟囱筒身外侧对称分
4 点引 4 根镀锌扁钢（－60×8）
直至筒身标高 1.00m 左右，分别
用不锈钢螺帽（M18 带平垫圈）
固定在筒身壁内预埋的暗榫上。
并将暗榫上的扁钢延长至筒身留
孔上部一定位置处，采用三道环
向扁钢（－60×8）将支承杆与
暗榫延长扁钢焊接牢固。等待滑
模到顶后，采用同样方法将永久
避雷针与支承杆整体相连，如
图 3-102所示。

为了确保避雷效果，扁钢之
间及扁钢与支承杆的连接，都应
焊接牢固（图 3-103），并应满足
下列要求。

① 扁钢之间搭接焊缝长度，
需大于扁钢宽度（B）的 2 倍，

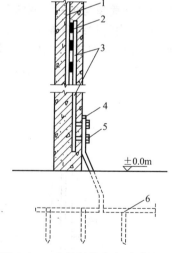

图 3-102 支承杆作永久避雷导线

1—支承杆；2—环向扁钢三道（－60×8）；
3—延长扁钢与暗榫；4—外接镀锌
扁钢（－60×8）；5—不锈钢
螺帽；6—接地极

接缝处可任选三边焊缝，焊缝长≥2B 即可，如图 3-103(a) 所示。

② 扁钢和支承杆的搭接长度应大于支承杆直径（D）的 6 倍，如图 3-103(b) 所示。

③ 支承杆对接（榫接）后，应电焊牢固，并满足坡口要求，如图 3-103(c) 所示。

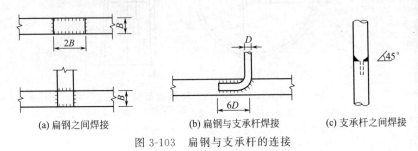

(a) 扁钢之间焊接 (b) 扁钢与支承杆焊接 (c) 支承杆之间焊接

图 3-103　扁钢与支承杆的连接

④ 避雷装置外露部分的扁钢一律使用镀锌件，焊接处应刷两道防锈漆。

3.4.3.7　筒壁与内衬"双滑"施工方法

(1) 内衬伸缩缝施工方法　筒壁和内衬采用"双滑"施工时，内衬的竖向伸缩缝，可采用在滑模的内固定模板滑动面上，加焊竖向切割板的办法，将伸缩缝滑出（图 3-104）。

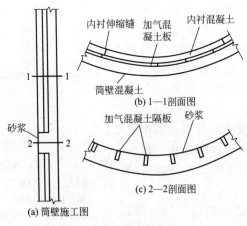

图 3-104　筒壁与内衬剖面

（2）隔热层预制块固定方法　梳子挡板临时固定法是：在相邻两提升架之间悬挂一块高 45cm 左右的梳子挡板，施工时作为预制块的临时支托。挡板采用扁钢焊成，分成数片，以利收缩。挡板可随提升架提升，施工到牛腿位置时将其取下。

红砖固定法是：采用红砖在内衬一侧将预制块顶住，红砖的另一侧和内模紧贴。浇筑混凝土时，应先筒壁后内衬。施工中砖浇在内衬混凝土中不再取出（图 3-105）。

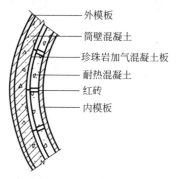

外模板

筒壁混凝土

珍珠岩加气混凝土板

耐热混凝土

红砖

内模板

图 3-105　红砖固定
隔热层预制块

3.4.3.8　水平和垂直的施工精度控制

水平和垂直的施工精度控制参见 3.2.4"滑模施工的精度控制"相关内容。

3.4.3.9　外爬梯与信号平台的安装

（1）外爬梯安装要点　爬梯暗榫埋设安装前，可成双地焊在扁铁上，以保证两暗榫间距正确，并将螺孔以油纸填塞，防止施工中灰浆灌入。

（2）信号平台安装要点　信号平台各构件的制作尺寸应精确。安装前应先在地面上进行预装配，检查各构件数量、质量与制作偏差，发现问题立即整修，然后刷油并分别编号，以备安装。

4

台（飞）模

台模是一种大型工具式模板，因其外形如桌，又称桌模。由于它可以借助起重机械从已浇筑完混凝土的楼板下吊运飞出转移到上层重复使用，所以又称飞模。

台模主要由平台板、支撑系统（包括梁、支架、支撑、支腿等）及其他配件（如升降和行走机构等）组成，适用于大开间、大柱网、大进深的现浇钢筋混凝土楼盖施工，特别适用于现浇板柱结构（无柱帽）楼盖的施工。

4.1 台模的辅助机具

台模在施工的过程中，除了有平台板、支撑系统及其他配件外，为了便于脱模和在楼层上运转，通常还需要配备一套使用方便的辅助机具，主要包含升降机具、行走工具和吊运工具等。

4.1.1 台模的升降机具

台模的升降机具是使台模在吊装就位后，能调节台模的台面达到设计要求标高，或者当现浇梁板混凝土达到脱模强度后，能使台模下降，方便台模运出建筑物的一种辅助机具。

在建筑工程台模施工中，常用的升降机具有杠杆式液压升降器、螺旋式起重器、手摇式升降器及台模升降车等。

（1）杠杆式液压升降器　杠杆式液压升降器为赛蒙斯台模的附件，其升降方式是在杠杆的顶端安装一个托板。在台模升起时，将托板放在台模的桁架上，用操纵杆起动液压装置，使托板架从下往上进行弧线运动，直到台模就位。下降时操作杆反向操作，就可以使台模下降。杠杆式液压升降器的构造如图4-1所示。

（2）螺旋式起重器　螺旋式起重器可分为两种，一种是工具式螺旋起重器，其顶部设 U 形托板，托在桁架的下部。中部为螺杆与调节螺母及套管，套管上留有一排销孔，方便固定位置。只要旋转调节螺母就可使台模升降。下部放置在底座上，可依据施工的具体情况选用不同的底座。工程实践证明，一台台模需用 4～6 个起重器。工具式螺旋起重器的构造如图 4-2 所示。

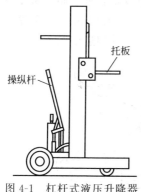

图 4-1　杠杆式液压升降器

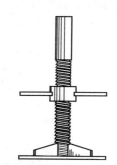

图 4-2　工具式螺旋起重器

　　另一种螺旋起重器安装在桁架的支腿上，随着台模运行，其升降方法和工具式螺旋起重器相同，但升降调节量比较小。对于升降量要求较大的台模，支腿之间应当另外安装剪刀撑。这种螺旋式升降机构，可根据具体情况进行设计与加工。螺纹的加工以双头梯形螺纹为好，操作中应格外注意各个起重器升降的同步。

　　（3）手摇式升降器　手摇式升降器是竹（铝）桁架式台模的配套工具，主要由手摇柄、传动箱、升降链、导轮、矩形空腹柱、行走轮、升降臂、限位器和底板等组成，其构造如图 4-3 所示。

　　在进行操作时，摇动手柄通过传动箱将升降链带动升降台，使台模升降。在升降器的下面设置行走轮以方便搬运，这也是一种工具式的升降机构，适用于桁架式

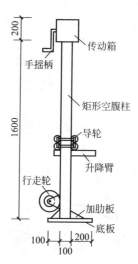

图 4-3　手摇式升降器

台模的升降。通常每台台模需用 4 个手摇式升降器。

(4) 台模升降车　台模升降车又分为钢管组合式台模升降车及悬架式台模升降车。

① 钢管组合式台模升降车。它也称为立柱式台模升降车，这种升降车的特点是既能升降台模与调平台模台面，又能在楼层上作为台模运输车使用。实际上它是利用液压装置控制撑臂装置，来达到升高模板平台的目的。这种升降车主要由底座、撑臂、行走铁轮、液压千斤顶及升降平台架等组成。其构造如图 4-4 所示。

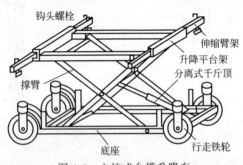

图 4-4　立柱式台模升降车

② 悬架式台模升降车。这是一种既能升降又能行走的多功能升降车，主要由基座、立柱、伸缩构架、手摇千斤顶、方向把手、悬臂横梁、行走轮及导轮等组成。悬架式台模升降车的构造如图 4-5 所示。

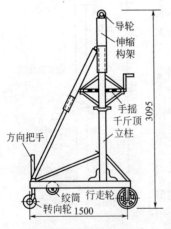

图 4-5　悬架式台模升降车

4.1.2　台模的行走机具

台模的行走工具，是其移动的简单用具，主要包括滚杠、滚轮及车轮。

(1) 台模的滚杠　滚杠是台模中最简单的一种行走工具，通常用于桁架式台模的运行。即当浇筑的梁板混凝土达到要求的强度时，先在台模的下方铺设脚手板，在脚手板上铺设若干根钢管，然后用升降工具将台模降落在钢管上，再利用人工推动台模，将其推出建筑物外。

（2）台模的滚轮　滚轮是一种较普遍用于桁架式台模运行的简易工具。滚轮有很多种类，通常分为单滚轮、双滚轮和滚轮组等，最常用的是单滚轮与双滚轮，其构造如图4-6所示。

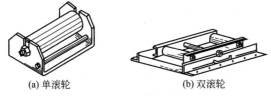

(a) 单滚轮　　　　　(b) 双滚轮

图 4-6　台模的滚轮

在使用时，将台模降落在滚轮上，用人工将台模推至建筑物外。滚轮内装有轴承，所以操作起来要比滚杠简便。

（3）台模的车轮　台模采用车轮作为运行的工具是一种较好的方式，常用的形式有单个车轮与带架车轮两种。图4-7(a)是单个车轮，即在轮子上装上杆件，当台模下落时，插入台模预定的位置中，用人工推行即可。这种车轮的配置数量，要根据台模荷载大小来确定。其主要特点是轮子转动非常灵活，可以做360°转向，所以既可以使台模直行，也可以侧向行走。

图4-7(b)是一种带有架子的轮车，其稳定性及可操作性比单个车轮好。操作时将台模搁置在车轮架上，用人工将台模推出建筑物楼层即可。

除以上常用的两种车轮外，还可以根据工程不同情况配备不同的车轮，以便适应工程的实际需要。例如，按照台模的质量选用适当数量的车轮，组装成工具式台模的行走机构，这种方法常用于钢管脚手架组合式台模的运行。图4-8为建筑工程中常用的一种轮胎式车轮。

  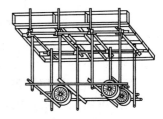

(a) 单个车轮　　　　(b) 带架车轮

图 4-7　台模所用滚轮　　　　　图 4-8　轮胎式车轮

4.1.3 台模的吊运机具

台模采用的吊运工具，主要有 C 形吊具和电动环链等。

（1）台模采用的 C 形吊具　在台模施工的过程中，除了可利用滚动的方式解决楼层的水平运动，用吊索将台模吊出楼层外，还可以采用特制的吊运工具，将台模直接起吊运走。这种吊运工具就称为 C 形吊具。

图 4-9 是一种可以平衡起吊的 C 形吊具，主要由起重臂、上构架及下构架组成。上部构架与下部构架的截面可做成立体三角形桁架形式，上下弦及腹杆用钢管焊接而成，上部构架和下部构架用钢板进行连接。起重臂和上部构架用避震弹簧及销轴连接，起重臂可随上部构架灵活平稳地转动。

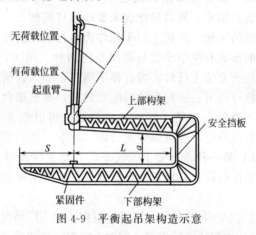

图 4-9　平衡起吊架构造示意

在操作过程中，下部构架的上表面应始终保持水平状态，以保证保台模能沿着水平方向拖出楼面。C 形吊具在未承受荷载时，起重臂和钢丝绳成夹角，将起吊架伸入台模面板下，然后缓慢提升吊钩，使起重臂与钢丝绳逐渐成一条直线，同时使台模坐落于平衡架上。当台模离开楼面时，钢丝绳承受拉力，使台模沿水平方向移动。

图 4-10 是一种用于吊运有阳台的钢管组合台模的 C 形吊具，吊具采用钢结构，吊点的设置要充分考虑吊运不同阶段的需要，图 4-10（a）中的 A、B 吊点能确保吊具平稳地进入台模；图 4-10（b）

设置临时支承柱，保证吊点由 B 换至 C；图 4-10（c）以吊点 A、C 将台模平稳吊出。

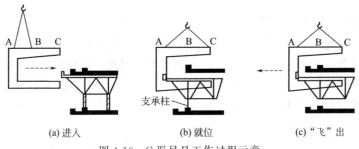

(a) 进入　　　　　　　(b) 就位　　　　　　　(c) "飞"出

图 4-10　C 形吊具工作过程示意

（2）台模采用的电动环链　电动环链是一种从建筑物中直接吊出并调节台模平衡的工具。当台模刚吊出建筑物时，由于台模呈倾斜状态，在吊装过程中存在危险。如果在吊具上安装一台电动环链，可以用来及时调节台模的水平度，可保证台模安全吊升。图 4-11 为门架台模安装电动环链示意图。

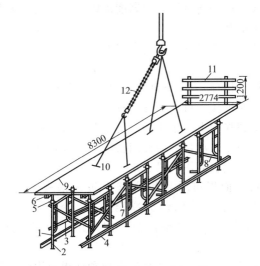

图 4-11　台模采用的电动环链

1—门式脚手架；2—底托；3—交叉拉杆；4—通长角钢；5—顶托；6—大龙骨；

7—人字支撑；8—水平拉杆；9—面板；10—吊环；11—护栏；12—电动环链

4.2 台模的构造

4.2.1 悬架式台模

这是一种无支腿式台模，即台模不是支设在楼面上，而是支设在建筑物的墙、柱结构所安装的托架上。因此，台模的支设不需要顾虑楼面结构的强度，从而可以减少台模多层配置的问题。另外，这种台模可以不受建筑物层高不同的影响，只需按开间（柱网）及进深进行设计即可。

采用这种台模施工时，托架与柱、墙的连接要进行计算确定，并要复核施工中支承台模的结构在最不利荷载情况下的强度及稳定性。悬架式台模由桁架、次梁、面板、活动翻转翼板及垂直、水平剪刀撑等组成，如图 4-12 所示。

悬架式台模的结构构造基本属于梁板结构，主要由桁架、次梁、面板、活动翻转翼板和垂直、水平剪刀撑等组成。可根据建筑物的进深与开间尺寸设计主桁架和次梁的构造，也可以采用主、次桁架结构形式，但需要对桁架的高度加以控制，主、次桁架的总高度以不大于 1m 为宜。

（1）桁架　桁架沿进深方向设置，它是台模的主要承重件，要通过设计确定。

（2）次梁（格栅）　沿开间方向放置在桁架上弦，用蝶形扣件及紧固螺栓紧密连接。可在腹杆上预焊螺栓把两者扣紧，避免次梁在横向水平荷载作用下产生松动。为了使台模从柱网开间或剪力墙开间中间顺利拖出，尽量缩短柱间拼缝的宽度，在台模两侧需装有能翻转的翼板。翼板需用次梁支承。

（3）面板　面板可采用组合钢模板、钢板、胶合板等。组合钢模板和次梁之间采用钩头螺栓连接。钩头螺栓的长度要保证连接的整体效果。组合钢模板之间采用 U 形卡连接，间距不大于 300mm。

（4）活动翻转翼板　活动翻转翼板和面板应用同一种模板，两者之间可用活动钢铰链连接，这样易于装拆，方便交换，并可做 90°向下翻转（当伸缩悬臂缩进次梁时）。

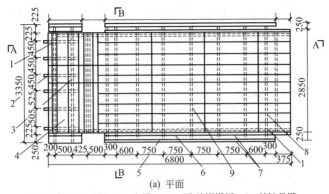

(a) 平面

1—桁架；2—次梁；3—主梁；4—下降处钢模板；5—伸缩悬臂；
6—翻转翼板；7—连接角钢；8—台模面板；9—次梁

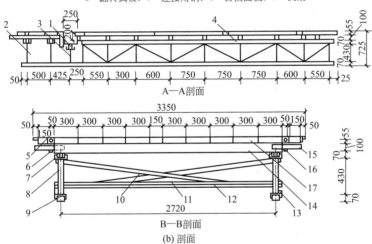

A—A剖面

B—B剖面

(b) 剖面

1—次梁；2—承托支架；3—伸缩支架；4—桁架；5—翻转翼板；6—垫块；
7—桁架上弦；8—杆架腹杆；9—桁架下弦；10—垂直剪刀撑；
11—水平剪刀撑；12—垂直剪刀撑下连杆；13—吊环；
14—次梁；15—垫块；16—伸缩悬臂；17—台模面板

图 4-12　悬架式台模

（5）阳台模板　阳台模板搁置在桁架下弦挑出部分的伸缩支架上。

4.2.2　立柱式台模

立柱式台模主要由面板、主次（纵横）梁和立柱（构架）三大
部分组成，另外辅助配备有斜支撑、调节螺旋等。立柱常做成可以
伸缩的形式。

（1）钢管组合式台模　钢管组合式台模（图 4-13 和图 4-14）的面板，通常可以采用组合式钢模板，亦可采用钢框木（竹）胶合板模板、木（竹）胶合板；主、次梁一般使用型钢；立柱多采用普通钢管，并做成可伸缩式，其调节幅度最大约 800mm。

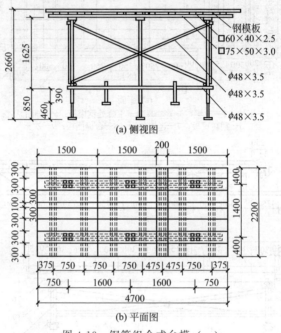

（a）侧视图

（b）平面图

图 4-13　钢管组合式台模（一）

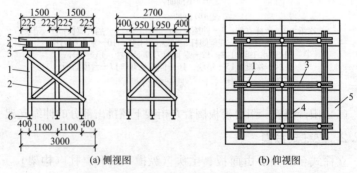

（a）侧视图　　　　　　　　　（b）仰视图

图 4-14　钢管组合式台模（二）

1—立柱；2—支撑；3—主梁；4—次梁；5—面板；6—内缩式伸缩脚

用组合式钢模板与钢管脚手组合的台模构造如下所述。

① 面板。面板全部采用组合钢模板，组合钢模板之间用 U 形卡与插销连接。为了减小缝隙，尽量采用大规格模板。

② 次梁。次梁可选用□60×40×2.5 或 ϕ48×3.5，用钩头螺栓和蝶形扣件与面板连接。

③ 主梁。主梁可选用□70×50×3.0，主、次梁采用紧固螺栓和蝶形扣件连接。

④ 立柱。立柱用 ϕ48×3.5 钢管与 ϕ38×4 内缩式伸缩脚，间隔 100mm 钻 ϕ13 孔，用 ϕ12 销子固定。伸缩脚下端焊有 100mm×100mm 钢板，下垫木楔做少量调节台模高度用，如图 4-15 所示。每个台模用 6～9 根立柱，最大荷载是 20kN/m²。为满足刚度要求，立柱间用 ϕ3.5 钢管设水平撑和剪刀撑。四角梁端头设四只吊环，为方便吊装，台模的升降采用螺旋杆千斤顶，水平移动采用轮胎小车。

立柱顶座与主梁可用长螺栓和蝶形扣件连接。

为了满足楼层在一定范围内可变动的要求，立柱伸缩支腿设有一排孔眼，用于高低的调节（图 4-16）。

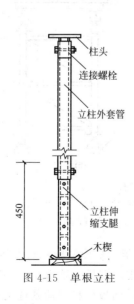

图 4-15 单根立柱

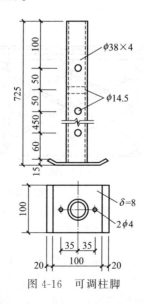

图 4-16 可调柱脚

⑤ 水平支撑和斜支撑。水平支撑和斜支撑通常采用 $\phi48×3.5$ 的焊接钢管，与立柱用扣件连接。立柱的下端可加上柱脚或垫板（图 4-17）。

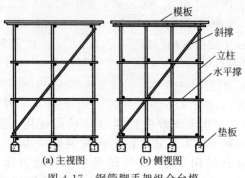

(a) 主视图　　(b) 侧视图

图 4-17　钢管脚手架组合台模

（2）构架式台模　构架式台模主要由构架、主梁、搁栅（次梁）、面板及可调螺杆等组成。每榀构架的宽度为 $1～1.4m$，构架的高度与建筑物层高接近，如图 4-18 所示。

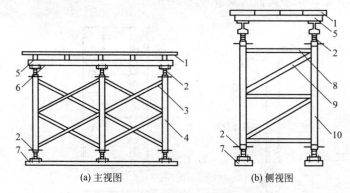

(a) 主视图　　　　　(b) 侧视图

图 4-18　构架式台模

1—面板；2—可调螺杆；3—剪刀撑；4—构架；5—搁栅；
6—主梁；7—支承连杆；8—水平杆；9—斜杆；10—竖杆

① 面板。面板使用木（竹）胶合板，板面经覆膜防水处理。

② 梁。主梁使用铝合金型材制成，搁栅（次梁）采用木枋，以便于面板的铺钉。搁栅间距的大小由面板材料与荷载选定。

③ 构架。构架选用薄壁钢管。竖杆一般采用 $\phi42\times2.5$，水平杆和斜杆的直径可略小些。竖杆上加焊钢碗扣型连接件，以便与水平杆及斜杆连接。

④ 剪刀撑。每两榀构架间采用两对钢管剪刀撑连接。剪刀撑可制成装配式，为方便安装和拆卸。

⑤ 可调螺杆。可调螺杆用于调节立柱式台模高低，安装在构架竖杆上、下端。可调螺杆配有方牙丝及螺母旋杆，可随着螺母旋杆的上下移动来调节构架高低。上下可调螺杆的调节幅度一致，总调节量上下可以叠加。

⑥ 支承连杆。支承连杆安放在各构架底部，可以选用钢材或木材，但其底面要求平整光滑。支承连杆主要起整体连接作用，也可采用地滚轮滑移台模。

（3）门架脚手台模　门架脚手台模以多功能门式架作支承架，用组合钢模板或钢框木（竹）胶合板模板、薄钢板、多层胶合板和木板为面板，按照建筑结构的开间（柱网）、进深尺寸和起吊设备能力组装而成，如图 4-19 所示。

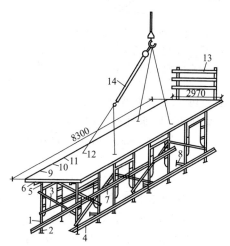

图 4-19　多功能门式架台模

1—门式脚手架（下部安装连接件）；2—底托（插入门式架）；3—交叉拉杆；4—通长
角钢；5—顶托；6—大龙骨；7—人字支撑；8—水平拉杆；9—小龙骨；
10—木板；11—薄钢板；12—吊环；13—护身栏；14—电动环链

4.2.3 桁架式台模

(1) 桁架式台模 桁架式台模是由桁架、龙骨、面板、支腿及操作平台组成。它是将台模的板面与龙骨放置于两榀或多榀上下弦平行的桁架上，将桁架作为台模的竖向承重构件。桁架材料可以采用铝合金型材，也可以采用型钢制作。前者轻巧，但价格昂贵，一次投资大；后者自重较大，但投资费用较低。

铝合金桁架式台模如图 4-20 所示。

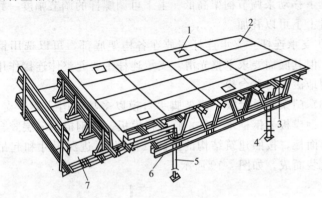

图 4-20　铝合金桁架式台模

1—吊装盒；2—竹塑（胶合板）；3—龙骨（横楞）；4—底座；
5—可调钢支腿；6—铝合金桁架；7—操作平台

① 面板。面板可采用表面为木片、中间为竹片的竹塑板，亦可采用胶合板，表面进行防水处理。面板厚度应根据荷载、龙骨间距等经计算决定。板材规格为 900mm×2100mm 或 1200mm×2400mm，厚 8～12mm。

② 铝合金桁架。铝合金桁架常选用国产铝合金型材，其屈服强度是 240N/mm²，弹性模量是 $E=0.71\times10^5\,N/mm^2$。

铝合金桁架结构的上弦、下弦均是由高 165mm 的槽铝组成（图 4-21）。上弦分别由两根长度为 3m 与 4.5m 的槽铝组成，下弦由 4 根 3m 长槽铝组成。腹杆使用 76mm×76mm×5mm 的方铝管。挑梁由两根[165 槽铝组成，通过螺栓及腹杆和上弦连接。

③ 可调钢支腿。可调钢支腿由 65mm×65mm×5mm 方形管

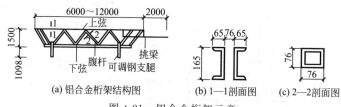

图 4-21　铝合金桁架示意

组成支腿套管座与可调支腿套管，如图 4-22 所示。

　　④ 边梁模板、操作平台和护身栏均安装在挑梁上，通过挑梁与台模桁架连接，构成悬挑结构。悬挑梁上布置工字铝龙骨，上铺 $50\text{mm} \times 100\text{mm}$ 木龙骨。操作平台和边梁梁底可在同一标高，并铺设 20mm 厚木板。护身栏立柱和挑梁用螺栓连接，外挂安全网，在悬挑结构下端设附加支撑，支设在边梁模板下面，支撑间距可通过计算决定，但通常不大于 1.5m，如图 4-23 所示。

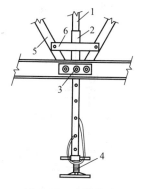

图 4-22　支腿构造

1—内套管；2—外套管；3—销钉；
4—螺旋千斤顶；5—桁架腹杆；
6—槽钢横梁

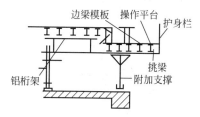

图 4-23　边梁附加支撑

　　⑤ 吊装盒、剪刀撑。每台台模有四个吊点，设置在台模重心两边对称布置的桁架节点上，以确保吊装时桁架上弦不受过大的附加弯矩，保持台模起吊平衡。每个吊点有一个钢制吊装盒，如图 4-24 所示，吊点处面板设有活动盖板。

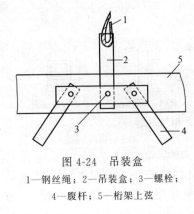

图 4-24　吊装盒

1—钢丝绳；2—吊装盒；3—螺栓；

4—腹杆；5—桁架上弦

⑥ 其他辅助部件。其他辅助部件包括地滚轮、手摇升降机、平衡重吊具等。

a. 地滚轮。地滚轮是台模向外推出的滚动装置，如图 4-25 所示。

b. 手摇升降机（图 4-26）。手摇升降机实际上是一个可移动的轻便"倒链"，用它做台模升降，使用方便，有效行程大，没有水平位移。这种升降机的起重力可达 7kN，升降高度为 0.2～1.5m，自重为 70kg。

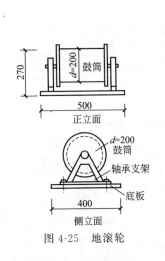

图 4-25　地滚轮

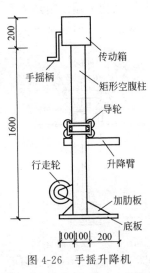

图 4-26　手摇升降机

c. 平衡重吊具。平衡重吊具是台模飞出起吊的一种平衡调索部件。采用平衡重吊具，可以克服普通台模飞出起吊时所存在的问题。

（2）钢管组合桁架式台模　钢管组合桁架式台模，是用 $\phi 48 \times 3.5$ 脚手架钢管组合成的桁架式支承台模。每间使用一座台模，整体吊运，其平面尺寸可为 3.6m×7.56m，但不宜过大。这种台模的特点与立柱式钢管脚手架台模相同。

① 支承系统。台模支承系统由三榀平面桁架组成，杆件采用 $\phi 48 \times 3.5$ 脚手架钢管，同时用扣件连接（图4-27）。

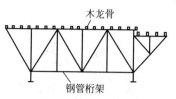

图4-27　脚手架钢管组合式平面桁架示意

平面桁架间距为 1.4m，并用剪刀撑与水平拉杆作横向连接。材料均为 $\phi 48 \times 3.5$ 脚手架钢管。

当桁架用于阳台支模的挑檐部位时，其构造自成体系，如图4-28所示。图中杆件1～4用来支承挑檐模板，杆件5～7作为杆件1～4的依托，其中杆件6还可兼作护身栏的立柱。

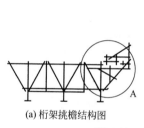

(a) 桁架挑檐结构图

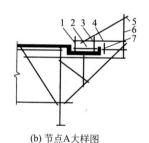

(b) 节点A大样图

图4-28　桁架挑檐部分

每榀桁架设三条支腿。拼装时，中部桁架上弦起拱 15mm，边部桁架上弦起拱 10mm。桁架腹杆轴线和上、下弦连杆轴线的交点之间的距离为 200mm。

② 龙骨。桁架上弦铺设 50mm×100mm 木枋龙骨，间距 350mm，用 U 形铁件将龙骨和桁架上弦连接。

③ 面板。采用 18mm 厚胶合板，用木螺钉与木枋龙骨固定。

（3）钢管组装跨越式台模　跨越式台模由钢管和扣件拼装成桁架式支架，面板可采用胶合板，如图4-29所示。

① 模板板面。模板板面使用 18mm 厚的多层胶合板拼成，顶面覆盖 0.5mm 厚的薄钢板，板下为 50mm×100mm 木龙骨，再用 U 形螺栓将龙骨与组合桁架的上弦钢管连接，板面设 4 个开启式吊

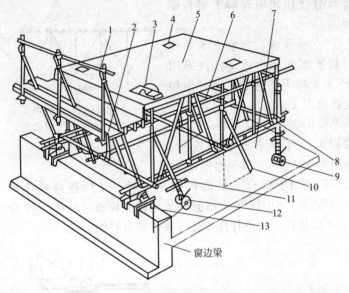

图 4-29 跨越式台模示意

1—平台栏杆（挂安全网）；2—操作平台；3—固定吊环；4—开启式吊环孔；5—模板；
6—组合桁架；7—钢管导轨；8—后撑脚（已装上升降行走杆）；9—后升降行走杆；
10—中间撑脚（正做收脚动作）；11—前撑脚（正做拆卸升降行走动作）；
12—前升降行走杆；13—窗台滑轮（钢管导轨已进入滑轮槽）

环孔。

　　② 组合桁架。组合桁架选用 φ48×3.5 钢管，用扣件相连。每台台模由三榀桁架拼接而成。两边的桁架下弦焊有导轨钢管，导轨至模板面高由实际情况决定。

　　③ 操作平台。操作平台由木跳板、栏杆、安全网组成，作为窗边梁绑钢筋与支模用。

　　④ 固定吊环。固定吊环由钢板与钢筋加工而成，用 U 形螺栓紧固在桁架上弦，如图 4-30 所示。

　　⑤ 升降行走杆。升降行走杆是台模升降及短距离行走的专用工具，由升降螺旋与车轮等组成，如图 4-31 所示。支模时将其上部插入前、后撑脚钢管内；脱模后，台模推出窗口时再从撑脚下取出（可配制 16 件，其中就位安装层 8 件，脱模层 8 件）。

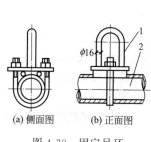

图 4-30 固定吊环

1—吊环；2—组合桁架上弦

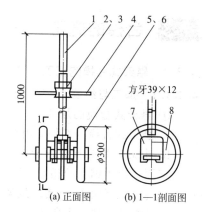

图 4-31 升降行走杆

1—螺杆；2—螺母；3—轴承（8208）；

4—手柄；5—车轮；6—轴承（206）；

7—车轮座；8—牵引杆

⑥ 前后撑脚和中间撑脚。每榀桁架设前后撑脚及中间撑脚各一根，均采用 φ48×3.5 钢管。它们的作用是承受台模自重与施工荷载，且将台模支撑到设计高程。

撑脚上端用旋转扣件和桁架连接。当台模安装就位后，在撑脚中部用十字扣件与桁架紧固；当台模跨越反梁时，松开十字扣件，将撑脚移离楼面向后旋转收起，同时用铁丝临时固定在桁架的导轨上方。

⑦ 可调吊绳。可调吊绳由钢丝绳、钢丝绳扎头、卡扣及手动葫芦组成。台模起吊时可通过调整吊绳长度，确定起吊重心，使台模平稳地飞出和就位。

⑧ 窗边滑轮。窗边滑轮是将台模送出窗口的专用工具，由滑轮与角钢架子组成，如图 4-32 所示。吊运台模时把它卡固在窗边梁上，当台模导轨前端进入滑轮槽后，立即将台模平移推出，随后取下窗台滑轮交其余台模使用。

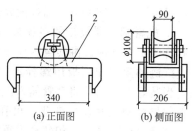

图 4-32 窗边滑轮

1—滑轮；2—角钢架子

4.3 台模的施工

4.3.1 悬架式台模的施工

4.3.1.1 加工与组装

① 悬架式台模的加工。

a. 悬架式台模的部件应由加工厂根据设计图纸要求进行加工。

b. 桁架上弦应预先起拱。翻转翼板的铰链安装需转动灵活，焊接牢固，边角钢上的相对孔眼位置必须准确。

② 悬架式台模的组装。悬架式台模一般是在建筑物底层进行组装，其组装方法如下所述。

a. 组装前，在结构柱子的纵横向区域内分别用 $\phi48\times3.5$ 钢管搭设两只组装架，高约 1m。为方便重复组装，在组装架两端横杆上安装四只铸铁扣件，作为组装台模桁架的标准。

b. 将桁架用吊车起吊放置在组装架上，使桁架两端分别紧靠铸铁扣件。安放稳妥后，在桁架两端各用一根钢管将两榀桁架做临时扣接，然后校对桁架上下弦垂直度、桁架中心间距、对角线等，无误后方可安装次梁（搁栅）。

c. 在桁架两端先安放次梁，同时与桁架紧固。然后放置其他次梁在桁架节点处或节点中间部位，并加以紧固。所有次梁挑出部分均需相等，防止因挑出的差异而影响翻转翼板正常工作。

d. 铺设面板。全部次梁经校对无误后，方可在其上铺设面板（组合钢模板）。面板应按排列图铺设，面板之间用 U 形卡卡紧，U 形卡间距不得大于 300mm。钢模板与次梁用蝶形扣件加钩头螺栓连接，间距不大于 500mm。面板铺放安装完毕后，需进行质量检查。

e. 配置翻转翼板。翻转翼板由组合钢模板和角钢、铰链、伸缩套管等组合而成。翻转翼板应单块设置，以便翻转。

铰链的角钢和面板用螺栓连接。伸缩套管的底面焊上承力支块，当装好翼板后即将套管插入次梁的端部。

如果柱网尺寸发生变化，可在套管伸缩范围内调整翼板的宽度，调换后仍可使用。相邻台模翼板之间的空隙，可用钢板或其他材料覆盖，避免漏浆。

f. 布置剪刀撑。每座台模在其长向两端及中部分别设置剪刀撑，在台模底部设置两道水平支撑，以防止台模在脱模、吊运过程中产生变形。剪刀撑选用 $\phi 48 \times 3.5$ 钢管，用扣件与桁架腹杆连接。

g. 组装阳台梁、板模板。将事先组装好的倒 L 形阳台梁、板模板用顶升机具就位后，坐落在桁架下弦的悬挑部位上，用花篮短螺栓与台模连接。

h. 安装外挑操作平台。组装好的台模可用塔吊吊至室外场地堆放，通常可重叠四层堆放，要求桁架均位于同一铅垂方向。台模支设前，应再做一次质量检查。

4.3.1.2　台模支设

① 待柱（墙）模板拆除后，且其强度达到能承载施工荷载时，方可支设台模。

② 支设台模前，先将钢牛腿和柱（墙）上的预埋螺栓连接，并在钢牛腿上安放一对硬木楔，使木楔的顶面符合标高要求。

③ 吊装台模就位，使台模坐落在 4 个钢牛腿的木楔上，经校正无误后，方可卸除吊钩。

④ 支设翻转翼板，处理好梁、柱、板等处的节点及缝隙。

⑤ 连接相邻台模，使其形成整体。

⑥ 面板涂刷脱模剂，铺设各类暗管。

4.3.1.3　台模脱模、降模和转移

① 当梁、板混凝土强度达到脱模强度时方可脱模。

② 先拆除柱子节点处柱箍，推进伸缩内管，向下翻转翼板以拆除盖缝板。然后卸下台模之间的连接件，拆除连接阳台梁、板的 U 形卡，使阳台模板方便脱模。

③ 在台模 4 个支承柱子内侧支靠上梯架（图 4-33），梯架备有吊钩，将 1kN 手动或电动葫芦悬于吊钩下（有剪力墙处设附墙承力架）。待 4 个吊点将靠柱梯架和台模桁架连接后，用手动或电动葫芦将台模同步稍稍受力，随即退出钢牛腿上的木楔及钢牛腿。

④ 降模前，先在承接台模的楼（地）面上预先安置 6 支地滚轮（沿每榀桁架下落位置的两端和中部各 1 支），再用手动或电动葫芦将台模降落在楼（地）面上的地滚轮上（图 4-34），然后由两或三人将台模向外推移。

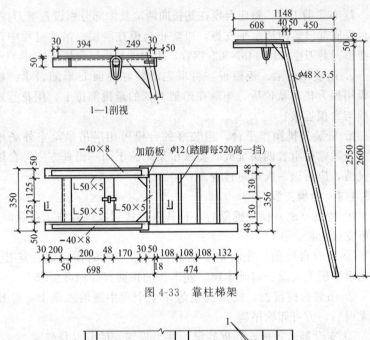

图 4-33 靠柱梯架

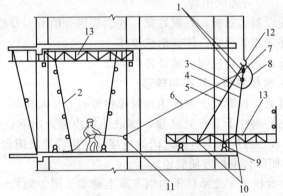

图 4-34 悬架式台模降模转移示意

1—20kN 倒链；2—靠柱梯架；3,10—卸扣；4—1/2in❶×2.4m 钢丝绳；

5—1/2in×3.3m 钢丝绳；6—尼龙绳；7—1/2in×0.5m 钢丝绳；

8—5/8in×1m 钢丝绳；9—地滚轮；11—φ48×3.5 钢管；

12—吊钩；13—悬架式台模

---

❶ 1in=25.4mm。

⑤ 待部分台模移至楼层口外约 1.2m 时（重心仍处于楼层支点里面），将 4 根吊索和台模吊耳扣牢，然后使安装在吊车主钩下的两只倒链收紧。

⑥ 起吊时，先使靠外两根吊索受力，使台模处于外稍高于内的状态，随着主吊钩上升，倒链慢慢松退，使台模一直保持平衡状态外移。

4.3.2 立柱式台模的施工

4.3.2.1 钢管脚手架组装式台模施工

（1）施工要求

① 组装的台模杆件相交节点不在同一平面上，属于随机性较大的空间力系，在设计时要考虑这一特点。

② 台模的平面尺寸要适应具体工程对象的柱网尺寸，尽量减少周边镶补工作量。

③ 台模的面板、配件及管材要尽量采用标准件，以便在不用台模时，拆卸后仍能使用。

④ 台模规格要少，其大小、质量要适应平面移动与起重机械吊运的能力。

⑤ 台模的承载力、刚度要能满足施工中各种荷载及转移安装的要求。

（2）组装、支设及拆除

① 组装。通常按施工组织设计要求在施工现场组装，可分为正装法和倒装法两种。

a. 正装法。根据台模设计图纸的规格尺寸，按以下步骤组装。

ⅰ. 拼装支架片。将立柱、主梁和水平支撑组装成支架片。

ⅱ. 拼装骨架。将拼装好的两片支架片用水平支撑用扣件和支架立柱连接，再用斜撑将支架片用扣件连接。然后校正已经成形的骨架尺寸，待符合要求后，再用紧固螺栓在主梁上安装次梁。

拼装时通常可以将水平支撑安设在立柱内侧，斜撑安设在立柱外侧。各连接点应尽量相互靠近。

ⅲ. 拼装面板。按台模设计面板排列图将面板直接安装在次梁上，面板之间用 U 形卡连接，面板与次梁用钩头螺栓连接。

b. 倒装法。先在事先铺好的平台上组装面板，再组装支架同时翻身旋转 180°后使用。台模组装质量要求与组合钢模板相同。

② 支设。

a. 先在楼（地）面上弹出台模支设的边线，同时在墨线相交处分别测出标高，标出标高的误差数值。

b. 按台模安装实线编号的顺序使台模就位。

c. 就位顺序由楼层中部向四面扩展。

d. 就位后按标高要求用千斤顶调整标高，然后垫上垫块，并用木楔揳紧。

e. 在整个楼层标高调整一致后，再用 U 形卡将相邻的台模连接。

③ 拆除。在楼板混凝土达到拆模强度后，用千斤顶顶住台模，先撤掉垫块及木楔，随即装上车轮，再撤掉千斤顶。

④ 转移。

a. 台模由升降运输车用人力运送到楼层出口处。

b. 台模出口处可根据需要安设外挑操作平台。

c. 当台模运抵外挑操作平台上时，可使用起重机械将台模吊至下一流水施工段就位，同时撤出升降运输车。

4.3.2.2 钢管组装跨越式台模施工

（1）施工要点

① 安装就位。用塔式起重机将台模吊运到指定位置，放下四角钢管撑脚，同时装上升降行走杆，用十字扣件扣紧，然后将台模调节到设计标高，校正好平面位置，再放下其余撑脚并扣紧十字扣件，楔紧撑脚下木楔，台模即已准确就绪。再将四角处升降行走杆拆掉，换接上钢管撑脚，扣上扫地杆，并用钢管与四周台模或其他模板支撑连成整体。

② 脱模。在楼板混凝土达到设计要求的强度后，首先拆除台模周围的连系杆件，再拆除四角的脚撑下木楔及中部撑脚十字扣件，装上升降行走杆，旋转螺母顶紧台模，再将其余撑脚下的木楔取下，把撑脚收起，此时可一起旋转四角的升降行走杆螺母，使台模下降脱模。当导轨前端进入已安装好的窗台滑轮槽后，前升降行

走杆则可卸载。

③飞走。取下前升降行走杆，将台模平行推出窗口 1m，打开前吊装孔，挂上前吊绳，如图 4-35（a）所示；再将台模推到后升降行走杆靠近窗边梁位置，打开后吊装孔，挂上后吊绳，如图 4-35（b）所示；用手动葫芦调整台模的起吊重心，取下后升降行走杆，如图 4-35（c）所示；台模继续移动至完全离开窗口，此时塔式起重机吊钩升起，将台模吊至上部施工层就位，如图 4-35（d）所示。

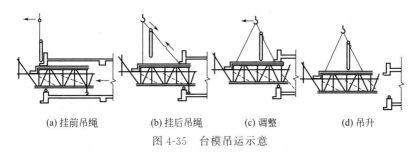

(a)挂前吊绳　　　(b)挂后吊绳　　　(c)调整　　　(d)吊升

图 4-35　台模吊运示意

（2）注意事项

①台模必须采取分次收起撑脚跨越窗边反梁的方法，以避免造成台模平移时因用力过猛而突然冲出楼面的恶果。

②台模吊出前应检查桁架整体性，每次台模就位后应维修板面，同时涂刷隔离剂。

③台模边缘缝隙和吊环孔盖处均需先铺上油毡条，然后再浇混凝土。

④台模吊运时，负责挂吊绳和拉手动葫芦的操作人员必须系好安全带。

4.3.2.3　门式脚手架台模施工

（1）组装　组装和安装就位工艺流程如下：平整场地→按台模设计图纸核对部件尺寸→铺垫板→放足线尺寸→安放底托→将门式脚手架插入底托内→安装交叉拉杆→安装上部顶托→调平找正、调好高度→安装大龙骨→安装下部角钢和上部连接件→安装小龙骨→铺木板刨平后再安装钢面板→安装水平和斜拉杆、剪刀撑→加工吊孔、安装吊环及护身栏→检查验收。

（2）就位

① 台模吊装就位前，先在楼（地）面上准备好 4 个已调整好高度的底托，换下台模上的 4 个底托。待台模在楼（地）面上落实后，再安放其他底托。

② 一般一个开间（柱网）使用两吊台模，这样形成一个中缝和两个边缝。边缝考虑柱子的影响，可将面板设计成折叠式。对于较大的缝隙（60～100mm），在缝上盖 150mm×5mm 钢板，钢板锚固定在边龙骨下面。对于较小缝隙（小于 60mm），可用麻绳堵严，再用砂浆抹平，避免漏浆。

③ 台模应根据事先在楼层上弹出的位置线就位，并进行找平、调直、顶实等工序。调整标高，应同步进行。门式脚手架支腿垂直偏差需小于 8mm。另外，边角缝隙、板面之间及孔洞四周要严密。

④ 将加工好的圆形铁筒暂时固定在板面上，作为安装水暖立管的预留洞。

（3）拆模及升层　拆模及升层工艺流程为：拆除护身栏→每榀台模留下 4 个底托，其他全部松开升起挂住→在留下 4 个底托处装 4 个起落架，挂 4 个手拉葫芦→手拉葫芦挂钩钩住台模角钢，拉紧，松开 4 个底托，使台模脱离楼板底面→台模下放钢管→放松手拉葫芦，使台模落在钢管上→撬动台模移位，直到离开柱子外皮→将台模放在地滚轮上移至能挂外部两个吊钩的位置→推移至能挂内部两个吊钩的位置→吊钩挂牢，启动电动环链→台模飞出移至上层。

4.3.3　支腿桁架式台模的施工

4.3.3.1　铝合金桁架式台模施工

（1）安装工艺

① 平整组装场地，支搭拼装台。拼装台由 3 个 800mm 高的长凳组成，间距为 2m 左右。

② 按图纸设计，先将上、下弦分别用夹板与螺栓拼装。

③ 将上、下弦和腹杆用螺栓拼成单片桁架，并安装钢支腿和吊装盒。

④ 两榀桁架拼接后，立起桁架用木枋临时支撑，然后安装剪

刀撑，组成稳定的台模骨架。

⑤ 安装梁模、操作平台的挑梁和护身栏。

⑥ 安装台面和挑梁上的工字铝龙骨（铝龙骨安装前先镶入木嵌条、用螺栓拧紧）。

⑦ 铺钉竹塑（胶合板）板面，用电钻打眼，木螺钉固定，在4个吊点处铺上活动盖板。

⑧ 安装边梁底模和里侧模（外侧模在台模就位后组装），铺放操作平台板。

⑨ 安全网在台模就位后安装。

（2）台模支设与脱模。

① 支设工艺流程。

a. 在楼（地）面上放出台模位置线与支腿十字线，在墙体或柱子上弹出1m（或50cm）水平线。

b. 在台模支腿处放好垫板。

c. 台模吊装就位。当距楼面1m左右时，拔出伸缩支腿的销钉，放下支腿套管，安装可调支座，然后使台模就位。

d. 用可调支座调整板面标高，安装附加支撑。

e. 安装四周接缝模板和边梁、柱头或柱帽模板。

f. 模板面板上刷脱模剂。

g. 检查验收。

② 台模脱模。混凝土强度达到设计要求（采用无黏结预应力混凝土时张拉完毕），上层做好台模就位准备后即可拆模。先拆除台模四周模板和安全网，然后采用升降机同步降下台模至地滚轮上，挂好安全绳，楼层边缘边梁位置增设地滚轮，避免发生前倾，如图4-36（a）所示。此时将台模向外推，当前面两个吊点出楼层

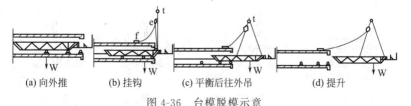

(a) 向外推   (b) 挂钩   (c) 平衡后往外吊   (d) 提升

图 4-36　台模脱模示意

W—重心；t—塔吊吊钩；e—平衡重；f—控制器

后，固定地滚轮，再将 4 个吊点挂钩，如图 4-36(b) 所示。继续外推，同时平衡吊具，相应缩短后面两点吊索，使台模平稳外出，如图 4-36(c) 所示。待全部推出，吊索调至台模平稳，如图 4-36(d) 所示，再将台模吊至上层就位。

4.3.3.2 跨越式钢管桁架式台模施工

（1）组装　跨越式钢管桁架式台模组装流程为：将导轨钢管和桁架下弦钢管焊接→按台模设计要求用钢管和扣件组装成桁架→安装撑脚→安装面板（预留出吊环孔）和操作平台（其他可参照钢管组合式台模进行）。

（2）吊装就位

① 根据楼（地）面弹线位置，用塔式起重机吊装台模就位。

② 放下四角钢管撑脚，装上升降行走杆，同时用十字扣件扣紧。

③ 调整设计标高，同时在此基础上校正平面位置。

④ 放下其余撑脚，扣紧十字扣件。

⑤ 在撑脚下揳入木楔（此时台模已准确就位）。

⑥ 将四角处升降行走杆拆掉，换接钢管撑脚，扣上扫地杆，并用钢管和周围台模或其他模板支撑连成整体。

（3）脱模　首先拆除台模周围的连接杆件，再拆除四角撑脚下的木楔与撑脚中部扣件；装上升降行车杆，旋转螺母顶紧台模后，将其余撑脚下木楔拆除，同时把撑脚收起；最后旋转四角升降行走杆螺母，使台模下降脱模。

（4）转移飞出

① 取下前升降行走杆，将台模平行推出窗口 1m，打开前吊装孔，挂好前吊绳，如图 4-37(a) 所示。

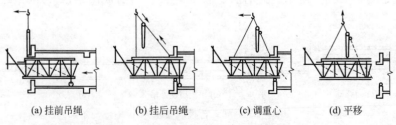

(a) 挂前吊绳　　　(b) 挂后吊绳　　　(c) 调重心　　　(d) 平移

图 4-37　跨越式钢管桁架式台模吊运示意

②　将台模推至后升降行走杆靠近窗边梁位置，打开后吊装孔，挂上后吊绳，如图 4-37(b) 所示。

③　用手动葫芦调节台模的起吊重心，取下后升降行走杆，如图 4-37(c) 所示。

④　台模继续移动，使它完全离开窗口，将台模吊至下一个施工区域就位，如图 4-37(d) 所示。

5

爬升模板

5.1 模板与爬架互爬

爬升模板是综合大模板与滑动模板工艺和特点的一种模板工艺，具有与大模板和滑动模板相同的优点，尤其适用于超高层建筑施工。

爬升模板依附于建筑竖向结构上，随着结构施工而逐层上升，这样模板可以不占用施工场地，也不用其他垂直运输设备。另外，它装有操作脚手架，施工时有可靠的安全围护，故可以不搭设外脚手架，尤其适用于在较狭小的场地上建造多层或高层建筑。

爬升模板是逐层分块安装，故其垂直度和平整度容易调整和控制，可避免施工误差的积累，也不会出现墙面被拉裂的现象。但是，因为爬升模板的配制量要大于大模板，施工工艺无法实行分段流水施工，所以模板的周转率低。

5.1.1 组成与构造

爬升模板由大模板、爬升支架和爬升设备三个部分组成，如图 5-1 所示。

5.1.1.1 大模板

① 面板一般用组合式钢模板或者薄钢板、木（竹）胶合板组拼。横肋用[6.3 槽钢，竖向大肋采用[8 或[10 槽钢，横、竖肋的间距由计算确定。

② 模板的高度一般是建筑标准层层高加 100～300mm（属于模板与下层已浇筑墙体的搭接高度，用于模板下端的定位和固定）。模板下端需加橡胶衬垫，为了防止漏浆。

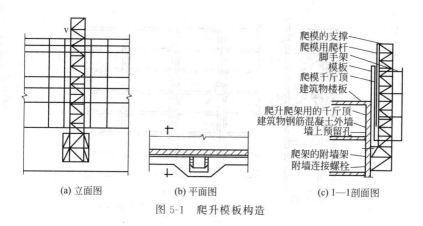

| (a) 立面图 | (b) 平面图 | (c) 1—1剖面图 |

图 5-1　爬升模板构造

③ 模板的宽度可根据一片墙的宽度和施工段的划分来确定，其分块要求要与爬升设备能力相适应。

④ 模板的吊点。根据爬升模板的工艺要求，应该设置两套吊点。一套吊点（一般为两个吊环）用来制作和吊运，在制作时焊接在横肋或竖肋上；另一套吊点用于模板爬升，设在每个爬架位置，要求与爬架吊点位置相对应，一般在模板拼装时进行安装和焊接。

⑤ 模板上的附属装置。

a.爬升装置。爬升装置是用来安装模板和固定爬升设备的。常用的爬升设备为倒链和单作用的液压千斤顶。采用倒链时，模板上的爬升装置为吊环，其中用在模板爬升的吊环，设于模板中部的重心附近，为向上的吊环；用在爬架爬升的吊环设于模板上端，由支架挑出，位置与爬架的重心相符，为向下的吊环。当采用单作用液压千斤顶时，模板爬升装置分别为千斤顶座（用于模板爬升）和爬杆支座架（用于爬架爬升），如图 5-2 所示。模板的背面安装千斤顶的装置尺寸应和千斤顶底座尺寸相对应。模板爬升装置安装千斤顶的铁板时，铁板的位置应在模板的重心附近。用于爬架爬升的装置是爬杆的固定支架，安装于模板的顶端。因此，要注意模板的爬升装置和爬架爬升设备的装置应处于同一条竖直线上。

b. 外附脚手和悬挂脚手。外附脚手和悬挂脚手设于模板外侧，

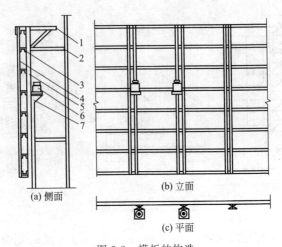

图 5-2　模板的构造

1—爬架千斤顶爬杆的支撑架；2—脚手；3—横肋；4—面板；
5—竖向大肋；6—爬模用千斤顶；7—千斤顶底座

如图 5-2 所示，供模板的拆模、爬升、安装就位与校正固定，穿墙螺栓的安装与拆除，墙面清理和嵌塞穿墙螺栓等操作使用。脚手的宽度为 600～900mm，每步高度为 1800mm。脚手架上下应有垂直登高设施，并应配备存放小型工具和螺栓的工具箱。在大模板固定后，要用连接杆件将大模板和脚手架连成一体。

c. 校正螺栓支撑。校正螺栓支撑是一种可拆卸的校正、固定模板的工具。爬升时拆卸，模板就位时安装。在每个爬架上设有两组，模板的上、下端各一对。它由左右旋向螺纹的螺杆两个部分组成，配用左右旋向的螺母于卡具两端焊上做成支撑。旋转螺杆，即可对模板的上端和下端进行校正和固定。

⑥ 当大模板采用多块模板拼接时，为防止在模板爬升的过程中，模板拼接处产生弯曲和剪切应力，应于拼接节点处采用规格相同的短型钢跨越拼接缝，以保证在竖直和水平方向上传递内力的连续性。

5.1.1.2　爬升支架

① 爬升支架由支撑架、附墙架（底座）以及吊模扁担、爬升爬架的千斤顶架（或吊环）等部分组成，如图 5-3 及图 5-4 所示。

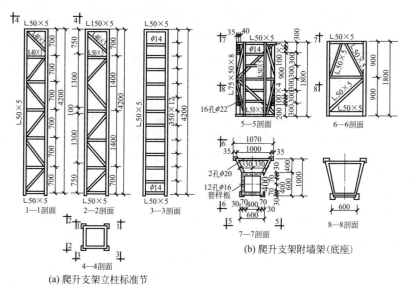

(a) 爬升支架立柱标准节

(b) 爬升支架附墙架(底座)

图 5-3 液压爬升支架构造

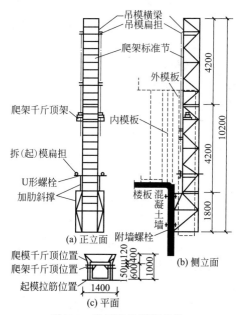

图 5-4 液压爬升模板组装

② 爬升支架是承重结构，主要依靠附墙架（底座）固定于下层已有一定强度的钢筋混凝土墙体上，并随着施工层的增加而升高，主要起到悬挂模板、爬升模板和固定模板的作用。所以，爬升支架要具有一定的强度、刚度和稳定性。

③ 爬升支架的构造，应满足以下各种要求。

a. 爬升支架的顶端高度，一般要求超出上一层楼层高度0.8～1.0m，以保证模板能够爬升到待施工层位置的高度。

b. 爬升支架的总高度（包括附墙架），一般应该为3～3.5个楼层的高度，其中附墙架应设置于待拆模板层的下一层。

c. 为了便于运输和装拆，爬升支架应采用分段（标准节）组合，采用法兰盘连接为宜。为了便于操作人员在支撑架内上下，支撑架的尺寸应大于650mm×650mm，并且附墙架（底座）底部应设有操作平台，周围应该设置防护设施。

d. 附墙架（底座）与墙体的连接应采用大于4只附墙连接螺栓，螺栓的间距和位置应尽可能与模板的穿墙螺栓孔相符，以便在该孔作为附墙架的固定连接孔。

附墙架的位置如果在窗口处，也可采用窗台作支撑。

e. 为了保证模板紧贴墙面，爬升支架的支撑部分要分离墙面0.4～0.5m，使模板在拆模、爬升和安装时有一定的活动空间。

f. 吊模扁担、千斤顶架（或吊环）的位置，要使模板上的相应装置处在相同竖线上，来提高模板的安装精度，使模板或爬升支架能够竖直向上爬升。

5.1.1.3 爬升设备

爬升设备为爬升模板的动力，可以根据实际情况选用。常用的爬升设备主要有电动葫芦、倒链、单作用液压千斤顶等，其起重能力一般要求为大于计算值的两倍。

(1) 倒链 又称环链手拉葫芦。选用倒链时，还要使其起升高度比实际需要起升高度高0.5～1m，以方便模板或爬升支架爬升到就位高度时，还有一定长度的起重倒链可以摆动，以便于就位和校正固定。

(2) 单作用液压千斤顶以及其他系统

① 千斤顶。可选用穿心式千斤顶。

千斤顶的底盘和模板或爬升支架的连接底座，采用 4 只 M14～M16 螺栓固定；插入千斤顶内的爬杆上端，用于螺钉与挑架固定，安装后的千斤顶和爬杆应处于垂直状态。

a. 爬升模板采用的千斤顶连接底座，安装于模板背面的竖向大肋上，爬杆上端和爬升支架上挑架固定，当模板爬升就位时，从千斤顶顶部到爬杆上端固定位置的间距不小于 1m。

b. 爬升支架采用的千斤顶连接底座，安装于爬升支架中部的挑梁上，爬杆上端和模板上挑架固定，当爬升支架爬升就位时，从千斤顶到爬杆上端固定位置的间距不小于 1m。

② 爬杆。爬杆选用 Q235 钢，其直径为 25mm（按千斤顶规格选用），长度由楼层层高或模板一次要求升高的高度决定，一般爬升模板选用的爬杆长度为 4～5m。

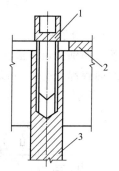

图 5-5 千斤顶爬杆顶端连接

1—M16×60 螺钉；
2—有垫板的挑架；
3—顶端有 M16×60 螺孔的 ϕ25 爬杆

因为采用单作用液压千斤顶，所以每爬升一个楼层或施工层后，需将爬杆向下全部抽掉，再从上部插入，这样爬杆顶端固定节点的直径应小于 25mm，可选用 M16 螺钉加垫板，如图 5-5 所示。

③ 油路和电路。

a. 油路。爬升模板爬升一个楼层高度，千斤顶需要进行 100 多个冲程，且是连续进行，所以要求油泵车的速度较快，要按照爬升模板的特点来设计制造。

油泵车与千斤顶连接油路示意图如图 5-6 所示。

当 f11 电磁线圈通电时，阀体杆被向左吸动，打通阀的进油与接出嘴的通路，工作油进入千斤顶，即可发动向上爬升。当 f12 电磁线圈通电时，阀体杆被向右吸动，打通排油与接出嘴的通路，千斤顶排油；在中位时，进、排油嘴形成通路，油直接回到油箱。

b. 电路。由于爬升一个层高的高度，千斤顶需进、排油大于

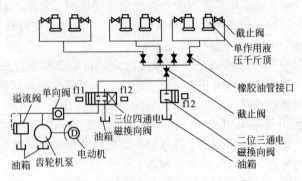

图 5-6　单作用液压千斤顶油泵车油路

100 次，为了减少千斤顶的升差，使进、回油时间最短，使每个千斤顶（特别是负荷最大、线路最远处的千斤顶）进油时的冲程与排油的回程都充分，所以在电路中需要装置一套自动控制线路，如图 5-7 所示。

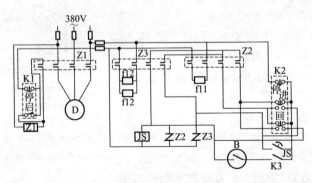

图 5-7　单作用液压千斤顶自控线路

K1—油泵电动机启停开关；K2—电磁换向阀控制开关；K3—自动线路断开接通开关；
Z1—油泵电动机接触器；Z2—电磁阀进油接触器；Z3—电磁阀回油接触器；
JS—时间继电器；B—电触式压力表

当第一次采用手工启动 K2，千斤顶负载爬升，冲程终了时油压再次上升，B 触点接通启动排油，当 JS 进入计时（检查最远处千斤顶回程是否终了，予以调整），进入千斤顶自动进油、排油程序。当需要中止或者停止时，断开 K3，恢复手控程序。

5.1.2 爬升模板的施工

爬升模板施工大部分用于高层建筑，这种工艺主要用在外墙外模板和电梯井内模板，其他可按一般大模板施工方法施工。

5.1.2.1 爬升模板的安装

① 进入现场的爬升模板系统（大模板、爬升支架、爬升设备、脚手架、附件等），应按施工组织设计及相关图样验收合格后，方可使用。

② 检查工程结构上预埋螺栓孔的直径和位置是否符合图样要求。有偏差时，应在及时纠正后，才能安装爬升模板。

③ 爬升模板的安装顺序为：底座→立柱→爬升设备→大模板。

④ 底座安装过程中，首先临时固定部分穿墙螺栓，待校正标高后，才能固定全部穿墙螺栓。

⑤ 立柱宜采取在地面组装成整体，在校正垂直度后，再固定全部和底座相连接的螺栓，如图 5-8 所示。

⑥ 模板安装时，先加以临时固定，待就位校正后，才能正式固定。

⑦ 安装模板的起重设备，可使用工程施工的起重设备。

⑧ 模板安装完成后，应对所有连接螺栓和穿墙螺栓进行紧固检查，并经试爬升验收合格后，方可投入使用。

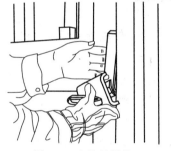

图 5-8 立柱的拼装

⑨ 所有穿墙螺栓全应由外向内穿入，在内侧紧固。

⑩ 爬模的制作和安装质量应符合相关要求。

5.1.2.2 爬升

① 爬升前，首先要仔细验查爬升设备，在确认符合要求后，才能正式爬升。

② 正式爬升前，首先拆除与相邻大模板及脚手架间的连接杆件，使爬升模板每个单元分开。

③ 在爬升大模板时，首先拆卸大模板的穿墙螺栓；在爬升支

架时，先拆卸底座的穿墙螺栓。同时还要检查卡环和安全钩。调整好大模板或爬升支架的重心，保持垂直，防止晃动和扭转。

④ 爬升时，操作人员严禁站在爬升件上爬升。

⑤ 爬升时要稳起、稳落和平稳地就位，防止大幅度摆动和碰撞。要注意不要使爬升模板与其他构件卡住，若发现此现象，应立即停止爬升，待故障排除后，才能继续爬升。

⑥ 每个单元的爬升，应在一个工作台班内完成，不宜中途交接班。爬升完毕应及时固定。

⑦ 遇大于六级大风，一般应停止作业。

⑧ 爬升完成后，应将小型机具和螺栓收拾干净，不可遗留在操作架上。

5.2 模板与模板互爬

5.2.1 外墙外侧模板互爬

外墙外侧模板互爬法取消了爬升支架，采取甲、乙两种大模板互为依托，选用提升设备和爬杆使两种相邻模板互相交替爬升。现以某宾馆工程的外墙外侧选用无架液压爬模为例进行介绍。

外墙外侧模板分成 A 型与 B 型两种。A 型模板宽 0.9m、高 6.3m，布置于内外墙交接处的外侧和大开间外墙外侧的中间；B 型模板宽 2.6～3.0m、高 3m，和 A 型模板交替布置，如图 5-9 所示。

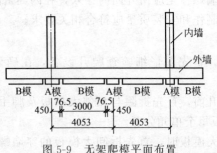

图 5-9　无架爬模平面布置

5.2.1.1　组成与构造

（1）模板　模板分为 A、B 两种：
A 型模板为窄板，高度应大于两个层
高；B 型模板要按建筑物外墙尺寸配
制，高度均略大于层高，和下层外墙稍
有搭接，避免漏浆与错台，如图 5-10
所示。两种模板交替布置，A 模布置于
外墙与内墙交接处，或者大开间外墙的
中部，如图 5-11 所示。每块模板的左
右两侧均拼接有调节板缝钢板来调整板
缝，并使模板端部形成轨槽，以方便模
板的爬升。模板背面设有竖向背楞，作
为模板爬升的依托，并可以加强模板的
整体刚度。内侧为一般大模板，内、外
模板分别采用 $\phi 16$ 穿墙螺栓连接固定。
模板爬升时，要依靠其相邻的模板和墙
体的拉接来抵抗爬升时的外张力，因此
要保证模板有足够的刚度。

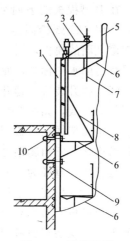

图 5-10　无架爬模

1—模板；2—千斤顶；3—三角
爬架；4—卡座；5—安全网；
6—平台挑架；7—爬杆；
8—支撑；9—生根
背楞；10—连接板

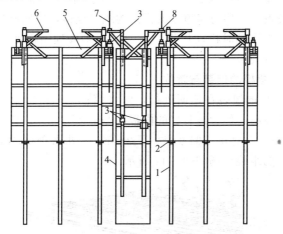

图 5-11　无架爬模立面图

1—生根背楞；2—连接板；3—千斤顶；4—A 型模板；
5—B 型模板；6—三角爬架；7—爬杆；8—卡座

在 B 型模板的下面采用竖向背楞做生根处理。背楞紧贴于墙面，并用 $\phi 22$ 螺栓固定在下层墙体上。背楞上端设有连接板，用来支撑上面的模板，同时解决模板和生根背楞的连接，也用以调节生根背楞的水平标高，使背楞螺孔与穿墙螺孔的位置能相互吻合。

（2）爬升装置 爬升装置由三角爬架、爬杆、卡座和液压千斤顶等部分组成，如图 5-10 和图 5-11 所示。

三角爬架插在模板上口两端套筒内，套筒采用 U 形螺栓与竖向背楞连接。三角爬架可以自由回转，其作用是支撑卡座与爬杆。

爬杆采用直径为 25mm 的圆钢制成，长度为 3030mm，上端用卡座固定，支撑在三角爬架上，爬升时处于受拉状态。

每块模板安装两台液压千斤顶，最大起重量为 3.5t。A 型模板的千斤顶安装在模板中间偏下处的位置，B 型模板安装在模板上口两端。供油系统选用齿轮泵（额定压力为 $10N/mm^2$，排油量为 48L/min），选用高压胶管作油管。

（3）操作平台挑架 操作平台选用三角挑架作支撑，安装于 B 型模板竖向背楞和它下面的生根背楞上，上下分别放置三道，如图 5-10 所示。上面铺脚手板，外侧设护身栏与安全网。上、中层平台供安装、拆除模板时使用，并在中层平台上加设模板支撑一道，使模板、挑架与支撑形成稳固的统一整体，以便调整模板的角度，也便于拆模时松动模板；下层平台供修理墙面使用。A 型模板不设平台挑架。

5.2.1.2 爬模的组装与就位

① 爬模的组装在地面进行，即将模板、三角爬架、千斤顶等同时在地面组装好。组装好的模板用 2m 靠尺检查，其板面平整度应小于 2mm，对角线偏差应小于 3mm，要求各部位的螺栓连接紧固。爬模的组装现场如图 5-12 所示。

图 5-12 爬模的组装施工

② 因为 B 型模板要支设在生根背楞和连接板上，所以可先采用大模板常规施工方法完成首层结构，然后再安装爬升模板。

③ A 型和 B 型模板按照图 5-13 的要求交替布置。先安设 B 型模板下部的生根背楞与连接板。生根背楞采用 φ22 穿墙螺栓和首层已浇筑墙体拉结，再安装中间一道，如图 5-13 所示。平台挑架加以支撑，铺好平台板。然后吊运 B 型模板，放置在连接板上，并用螺栓连接。同时利用中间一道平台挑梁做临时支撑，校正稳固模板。

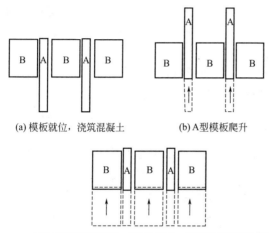

(a) 模板就位，浇筑混凝土   (b) A型模板爬升

(c) B型模板爬升就位，浇筑混凝土，回复到图(a)所示流程

图 5-13　无架爬模施工爬升程序

④ 首次安装 A 型模板时，因为模板下端无生根背楞和连接板，可用临时木枋作为支托，采用临时支撑校正稳固，随即涂刷脱模剂与绑扎钢筋，安装门窗洞口模板。

⑤ 待外墙内侧模板吊运就位后，采用穿墙螺栓将内、外侧模板紧固，并校正其垂直度。

⑥ 最后安装上、下两道平台挑架、铺放平台板，挂好安全网，方可浇筑混凝土。

5.2.1.3　爬升施工要点

① 爬升前，首先松开穿墙螺栓，拆除内模板，并使外墙外侧 A、B 型模板和混凝土墙体脱离，然后将 B 型模板上口的穿墙螺栓

重新装入并紧固。

②调整 B 型模板的三角爬架角度，装上爬杆，用卡座卡紧。爬杆的下端穿入 A 型模板中部的千斤顶中。

③拆除 A 型模板底部的穿墙螺栓，装好限位卡，启动液压泵，将 A 型模板爬到预定高度，随即用穿墙螺栓和墙体固定。

④分别爬升 A 型模板与 B 型模板。首先松开卡座，取出 B 型模板上的爬杆。随后调整 A 型模板三角爬架的角度，装上爬杆，用卡座将其卡紧。爬杆下端穿入 B 型模板上端的千斤顶中，然后拆除 B 型模板上口的穿墙螺栓，使模板和墙体脱离，装好限位卡，启动液压泵，将 B 型模板升到预定高度同时加以固定。

⑤校正 A、B 两种模板，安装好内模板，装好穿墙螺栓并紧固，才可以浇筑混凝土。

⑥施工时，应使各个流水段内的 B 型模板同时爬升，不可将单块模板爬升。

模板的爬升，可以安排在楼板支模、绑钢筋的同时进行，因此，这种爬升方法不延误施工工期，有利于加快工程进度。

5.2.2 电梯井筒体内侧模板互爬

井筒内模分为 A、B、C 三种类型，由 4 块大模板（A 型和 B 型各占 2 块）和 4 块小角模组成，用 4 排 $\phi16$ 穿墙螺栓和外侧一般大模板固定。模板具体布置如图 5-14 所示。

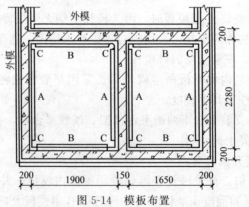

图 5-14　模板布置

　　在 A 型、B 型内模竖肋之下设置背楞，用 φ22 穿墙螺栓固定在混凝土墙上，通过连接板支托上部模板。爬升装置如图 5-15 所示。

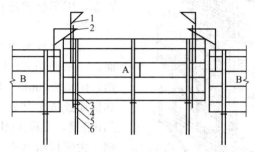

图 5-15　爬升装置
1—三角爬架；2—卡座；3—千斤顶；4—连接板；5—爬杆；6—背楞

　　爬升前，首先松动 A 型和 B 型穿墙螺栓，将模板和混凝土脱离，再将 B 型模板上口的一排穿墙螺栓重新拧紧。调整 B 型模板上的三角爬架的角度，装上爬杆，用卡座将其卡紧，爬杆的下端穿入 A 型模下端的千斤顶内。拆除 A 型模板的穿墙螺栓和 A 型模板之间的连接件，吊出外模，装限位卡，接通电源，启动液压泵，爬升 A 型模板到规定标高。装入 A 型模板下部背楞的穿墙螺栓，初步固定 A 型模板。

　　B 型模板的爬升和 A 型模板相同。

　　C 型角模以 A、B 型大模板为依托，选用手动倒链提升。此外，可将 C 型角模和 A、B 型大模板悬挂柔性连接，在爬升 A、B 型模板的同时，将 C 型模板提升至规定标高。

5.3　爬架与爬架互爬

5.3.1　外墙外侧模板随爬架提升

　　爬模由爬模架、平台、传动装置和模板三个部分组成，如图 5-16 所示。其主要工作原理为：以固定于混凝土外表面的爬升挂靴为支点，用摆线针轮减速机作为动力，通过内外爬架的相对运动，使外墙外侧模板随外架相应爬升。

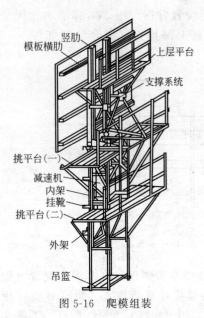

模板横肋 — 竖肋
上层平台
支撑系统
挑平台(一)
减速机
内架
挂靴
挑平台(二)
外架
吊篮

图 5-16 爬模组装

外墙外侧爬架分内、外架，分别用 10 号槽钢和 ϕ48 钢管组合连接。为运输方便，分为左右榀，用螺栓和连接杆在现场连成整体。

大模板板面由小钢模拼装而成。横肋采用[10 内卷边槽钢，间距 750mm，用钩头螺栓和板面连成整体；竖肋也采用[10 槽钢，支撑采用∟50×5 角钢。大模板由水平及斜向两种螺丝杆调整就位。

动力设备选用 BLD12-43-1.5 型摆线针轮减速机。传动螺杆直径为 55mm、螺距为 10mm，采用 45 号钢制作。螺母以锡青铜为材料，来增强螺母耐磨性。

工艺流程如图 5-17 所示。每次爬升行程为 1m，爬升一个结构层约 20min。

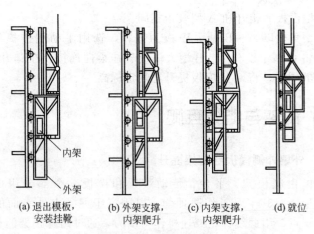

内架
外架

(a) 退出模板，   (b) 外架支撑，   (c) 内架支撑，   (d) 就位
安装挂靴   内架爬升   内架爬升

图 5-17 爬升工艺流程

5.3.2 外墙内外模随同爬架提升

为了使外墙内外模可同时随爬架提升，该工艺又称"单机双爬"，如图 5-18 所示。以摆线针轮减速机作为动力，通过螺杆传动，使大爬架和小爬架交替爬升，从而使固定在大爬架的大模板支架上升至规定的高度，再松开 U 形螺栓，采用水平螺杆并借助滑轮推动外侧大模板就位。内侧大模板通过模板支架上的悬挂架和外侧大模板同步提升。每层需要三次爬升，每次上升约 1m。

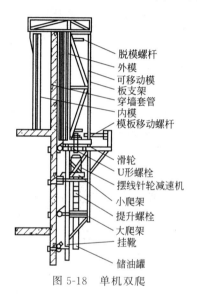

脱模螺杆
外模
可移动模
板支架
穿墙套管
内模
模板移动螺杆

滑轮
U形螺栓
摆线针轮减速机

小爬架

提升螺杆

大爬架

挂靴

储油罐

图 5-18 单机双爬

6

永久性模板

永久性模板，也称一次性消耗模板，是在结构构件混凝土浇筑后模板不拆除，且构成构件受力或非受力的组成部分。永久性模板具有施工工序简化、操作简便、加快施工进度等优点。

6.1 压型钢板模板

压型钢板模板是一种永久性模板，即在现浇混凝土结构浇筑后模板不再拆除，压型钢板模板和现浇结构叠合后组合成共同受力构件。该模板经常用于现浇钢筋混凝土楼（顶）板工程。

压型钢板模板最大特点是：简化现浇钢筋混凝土结构的模板支拆工艺，使模板的支拆工作量大大降低，从而改善了劳动条件，节约了模板支拆用工，加快了施工进度。

压型钢板模板是采用镀锌或经防腐处理的薄钢板，经冷轧成具有梯波形截面的槽型钢板，如图 6-1 所示，多用于钢结构工程。

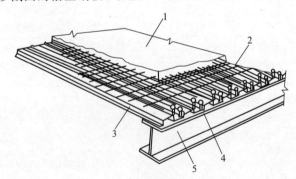

图 6-1　压型钢板组合楼板

1—现浇混凝土楼板；2—钢筋；3—压型钢板；4—用栓钉与钢梁焊接；5—钢梁

6.1.1 压型钢板模板的构造

（1）组合板的压型钢板　为确保与楼板现浇层组合后能共同承受使用荷载，通常做成以下三种抗剪连接构造。

① 压型钢板的截面制成具有楔形肋的纵向波槽（图6-2）。

② 在压型钢板肋的两个内侧和上、下表面，压成压痕、开小洞或冲成不闭合的孔眼（图6-3）。

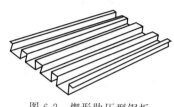

图6-2　楔形肋压型钢板

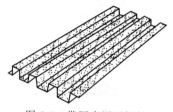

图6-3　带压痕压型钢板

③ 在压型钢板肋的上表面，焊接和肋相垂直的横向钢筋（图6-4）。

在以上任何构造情况下，板的端部都要设置端部栓钉锚固件（图6-5）。栓钉的规格及数量按设计确定。

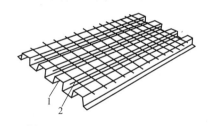

图6-4　焊有横向钢筋压型钢板

1—压型钢板；2—焊接在
压型钢板上表面的钢筋

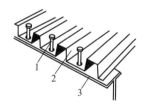

图6-5　压型钢板端部栓钉锚固

1—锚固栓钉；2—压型
钢板；3—钢梁

（2）非组合板的压型钢板　非组合板的压型钢板不需要做成抗剪连接构造。

（3）压型钢板的封端　为避免楼板浇筑混凝土时，混凝土从压型钢板端部漏出，对压型钢板简支端的凸肋端头应做成封端（图6-6和图6-7）。封端可在工厂加工压型钢板时一起做好，也可以在施工现场采用与压型钢板凸肋的截面尺寸相同的薄钢板，将其凸肋端头采用电焊点焊、封好。

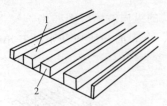

图 6-6　压型钢板坡型封端

1—压型钢板；2—端部坡型封端板

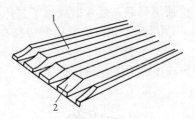

图 6-7　压型钢板直型封端

1—压型钢板；2—直型封端板

6.1.2　压型钢板模板的安装

6.1.2.1　安装准备

① 组合板或非组合板的压型钢板。组合板是指与楼板现浇层叠合后能共同承受使用荷载的模板；非组合板则不与现浇层共同承受使用荷载。在施工阶段都要进行强度和变形验算。

压型钢板跨中变形应控制在 $a=L/200≤20mm$（L 为板的跨度），如超出变形控制量时，应铺设后采取在板底增加临时支撑措施。

在进行压型钢板的强度与变形验算时，应考虑以下荷载。

a. 永久荷载。其包括压型钢板、楼板钢筋及混凝土自重。

b. 可变荷载。其包括施工荷载与附加荷载。

② 核对压型钢板型号、规格及数量是否符合要求，检查是否有变形、翘曲、压扁、裂纹和锈蚀等缺陷。对存在缺陷的，需经处理后方可使用。

③ 对于布置在与柱子交接处和预留较大孔洞处的异型钢板，要通过放样提前把缺角和洞口切割好。

④ 用于混凝土结构楼板的模板，应按普通支模方法及要求，设置模板的支承系统。直接支承压型钢板的龙骨宜采用木龙骨。

⑤ 绘制压型钢板平面布置图，并根据平面布置图，在钢梁或支承压型钢板的龙骨上画出压型钢板安装位置线，并标注出其型号。

⑥ 压型钢板应按房间所使用的型号、规格、数量及吊装顺序进行配套，将其多块成垛码放好，以备吊装。

⑦ 对端头有封端要求的压型钢板，若在现场进行端头封端，要提前做好端头封闭处理（图6-8）。

⑧ 用于组合板的压型钢板，安装前要编制压型钢板穿透焊施工工艺，按工艺要求选择及测定好焊接电流、焊接时间、栓钉的熔化长度参数。

图6-8 端头封闭处理

6.1.2.2 钢结构楼板压型钢板模板安装

（1）安装工艺流程 钢结构楼板压型钢板模板的安装工艺流程为：在钢梁上画出钢板安装位置线→压型钢板成捆吊运并搁置在钢梁上→钢板拆捆、人工铺设→调整安装偏差和校正→板端与钢梁电焊（点焊）固定→钢板底面支撑加固模板跨度过大，应先加设支撑→将钢板纵向搭接边点焊成整体→栓钉焊接锚固（如为组合楼板压型钢板）→钢板表面清理。

（2）安装工艺要点

① 压型钢板应多块叠垛成捆，使用扁担式专用吊具，由垂直运输机具吊运至待安装的钢梁上，然后由人工抬运、铺设。

② 压型钢板应采用前推法铺设。在等截面钢梁上铺设时，由一端开始向前铺设至另一端。在变截面梁上铺设时，由梁中开始向两端方向铺设。

③ 铺设压型钢板时，相邻跨钢板端头的波梯型槽口要贯通对齐。

④ 压型钢板要随铺设、随调整及校正位置，随将其端头与钢梁点焊固定，避免在安装过程中钢板发生松动和滑落。

⑤ 钢板和钢梁搭接长度不少于50mm。板端头与钢梁采用点焊固定时，如无设计规定，焊点的直径通常为12mm，焊点间距一般为200～300mm（图6-9）。

⑥ 在连续板的中间支座处，板端的搭接长度不少于50mm。板的搭接端头先点焊成一体，然后与钢梁再进行栓钉锚固，如图6-10

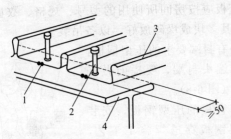

图 6-9　组合板压型钢板连接固定

1—压型钢板与钢梁点焊固定；2—锚固栓钉；3—压型钢板；4—钢梁

所示。如为非组合板的压型钢板，先在板端的搭接范围内，将板钻出直径为 8mm、间距为 200～300mm 的圆孔，然后通过圆孔将搭接叠置的钢板和钢梁满焊固定，如图 6-11 所示。

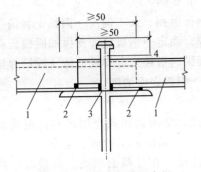

图 6-10　中间支座处组合板
压型钢板连接固定

1—压型钢板；2—点焊固定；
3—钢梁；4—栓钉锚固

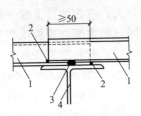

图 6-11　中间支座处非组合板
压型钢板连接固定

1—压型钢板；2—板端点焊
固定；3—压型钢板钻孔后
与钢梁焊接；4—钢梁

⑦ 直接支承钢板的龙骨要垂直于板跨方向布置。支撑系统的设置，按压型钢板在施工阶段变形控制量的要求及现行国家标准《混凝土结构工程施工质量验收规范》（GB 50204—2015）的有关规定确定。

压型钢板支撑需待楼板混凝土达到施工要求的拆模强度后才能拆除。如各层间楼板连续施工，还应考虑多层支撑连续设置的层数，以共同承受上层传来的施工荷载。

⑧ 楼板边沿的封沿钢板与钢梁的连接，可采用点焊连接，焊点直径一般为 10～12mm，焊点间距为 200～300mm。为增强封沿钢板的侧向刚度，可在其上口加焊直径 $\phi6$、间距为 200～300mm 的拉筋（图 6-12）。

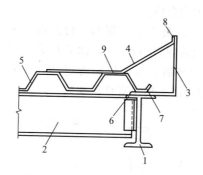

图 6-12　楼板周边封沿钢板拉结

1—主钢梁；2—次钢梁；3—封沿钢板；4—$\phi6$ 拉结钢筋；5—压型钢板；
6—封沿钢板，与钢梁点焊固定；7—压型钢板与封沿钢板点焊固定；
8—拉结钢筋与封沿钢板点焊连接；9—拉结钢筋与压型钢板点焊连接

（3）组合板的压型钢板与钢梁栓钉焊连接

① 栓钉焊的栓钉，其规格、型号与焊接的位置按设计要求确定。但穿透压型钢板焊接在钢梁上的栓钉的规格不宜大于 $\phi19$，焊后栓钉高度应大于压型钢板肋高加 30mm。

② 栓钉焊接前，按放出的栓钉焊接位置线，将栓钉焊点处的压型钢板与钢梁表面用砂轮打磨处理，把表面的油污、锈蚀、油漆及镀锌面层打磨干净，以防止焊缝产生脆性。

③ 在正式施焊前，应先在试验钢板上按预定的焊接参数焊两个栓钉，在其冷却后进行弯曲、敲击试验检查。敲弯角度达 45°后，检查焊接部位是否出现损坏和裂缝。如施焊的两个栓钉中，有一个焊接部位出现损坏或裂缝，就需要在调整焊接工艺后，重新做焊接试验及焊后检查，直至检验合格后方可正式开始在结构构件上施焊。

④ 组合式模板和钢梁栓钉焊接时，栓钉的规格、型号及焊接

位置应按设计要求确定。焊前应先弹出栓钉位置线，并将模板和钢梁焊点处的表面用砂轮磨打进行处理，清除油污、锈蚀及镀锌层。

⑤ 栓钉焊毕，应按下列要求进行质量检查。

a. 目测检查栓钉焊接部位的外观，四周的熔化金属已形成均匀小圈且无缺陷者为合格。

b. 焊接后，自钉头表面算起的栓钉高度 L 的公差为 $\pm 2\text{mm}$，栓钉偏离垂直方向的倾斜角 $\theta \leqslant 5°$，图 6-13 所示者为合格。

c. 目测检查合格后，对栓钉按规定进行冲力弯曲试验，弯曲角度为 15°时，焊接面上禁止有任何缺陷。

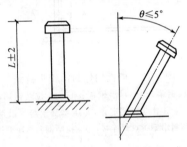

图 6-13　栓钉焊接允许偏差

注：L—栓钉长度；θ—偏斜角

6.1.2.3　混凝土结构现浇楼板压型钢板模板安装

（1）安装工艺流程　混凝土结构现浇楼板压型钢板模板的安装工艺流程为：在混凝土梁上或支承钢板的龙骨上放出安装位置线→用起重机把成捆的压型钢板吊运在支承龙骨上→人工拆捆、抬运、铺放钢板→调整、校正钢板位置→将钢板与支承龙骨钉牢→将钢板的顺边搭接用电焊、点焊连接→钢板清理。

（2）安装工艺和技术要点

① 压型钢板模板，可采用支柱式、门架或桁架式支撑系统支撑，直接支承钢板的水平龙骨宜采用木龙骨。压型钢板支撑系统的设置应根据钢板在施工阶段的变形量控制要求及现行国家标准《混凝土结构工程施工质量验收规范》（GB 50204—2015）的有关规定确定。

② 直接支承压型钢板的木龙骨应垂直于钢板的跨度方向布置。钢板端部搭接处要装置在龙骨位置上或采取增加附加龙骨措施，钢板端部不得有悬臂现象。

③ 压型钢板安装应在搁置的支承龙骨上，由人工拆捆、单块抬运和铺设。

④ 钢板随铺放就位，随调整校正，随用钉子将钢板和木龙骨钉牢，然后沿着板的相邻搭接边点焊牢固，把板连接成一体，如图 6-14～图 6-19 所示。

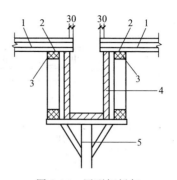

图 6-14 压型钢板与
现浇梁连接构造

1—压型钢板；2—压型钢板与
支承龙骨钉子固定；3—支承
压型钢板龙骨；4—现浇
梁模；5—模板支撑架

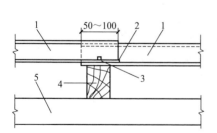

图 6-15 压型钢板长向搭接构造

1—压型钢板；2—压型钢板端头
点焊连接；3—压型钢板与木龙
骨钉子固定；4—支承压型
钢板次龙骨；5—主龙骨

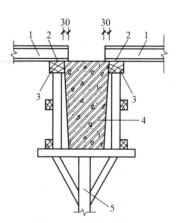

图 6-16 压型钢板与
预制梁连接构造

1—压型钢板；2—压型钢板
与支承木龙骨钉子固定；
3—支承压型钢板木
龙骨；4—预制钢筋
混凝土梁；5—预
制梁支撑架

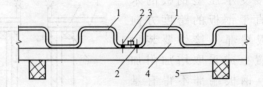

图 6-17 压型钢板短向连接构造

1—压型钢板；2—压型钢板与龙骨钉子固定；3—压型
钢板点焊连接；4—次龙骨；5—主龙骨

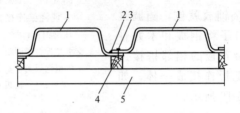

图 6-18 压型钢模壳纵向搭接构造

1—压型钢模壳；2—钢模壳点焊连接；3—钢模壳
与支承龙骨钉子固定；4—次龙骨；5—主龙骨

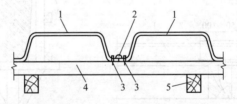

图 6-19 压型钢模壳横向搭接构造

1—压型钢模壳；2—钢模壳点焊连接；3—钢模壳
与龙骨钉子固定；4—次龙骨；5—主龙骨

6.1.2.4 安装注意事项

① 需开洞的模板，必须进行相应支撑加固措施后方可切割开洞。开洞后，洞口四周应采取防护措施。

② 安装施工用照明动力设备的电线，应使用绝缘线，并用绝缘支撑使电线与压型钢板模板隔离开。要经常检查线路，防止电线

损坏漏电。照明、行灯电压通常不得超过 36V,潮湿环境不得超过 12V。

③ 遇雨、雪、霜、雾和六级以上大风的天气时,应停止高空作业。复工前应做清除雨雪处理工作。

④ 安装中途停歇时,应对已拆捆未安装的模板和结构做临时固定,不得单摆浮搁。对每个层段,必须待模板全部铺设连接牢固且经检查合格后,方可进行下道施工工序。

⑤ 已安装好的压型钢板模板,如设计无规定时,施工荷载通常不得超过 $2.5kN/m^2$,更不得对模板施加冲击荷载。

⑥ 上、下层连续施工时,支撑系统应设置在同一垂直线上。

⑦ 吊装模板的吊具,应使用扁担式平衡吊具,吊索与模板应成 90°夹角。

6.2 预应力混凝土薄板模板

6.2.1 预应力混凝土薄板模板的构造及构造处理

6.2.1.1 板面抗剪构造处理

为了保证薄板和现浇混凝土层叠合后,在叠合面具有一定的抗剪能力,在薄板生产时,应依据其抗剪能力的不同要求,对薄板上表面做必要的处理。

① 当要求叠合面承受的抗剪能力较小时,可将板的上表面加工成具有粗糙划毛的表面,用辊筒压成小凹坑。凹坑的长、宽通常在 50~80mm,深度在 6~10mm,间距在 150~300mm;或用网状滚轮辊压成 4~6mm 深的网状压痕表面,如图 6-20 所示。

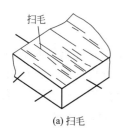

(a)扫毛

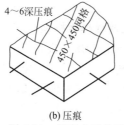

(b)压痕

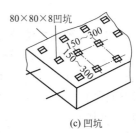

(c)凹坑

图 6-20 板面表面处理

② 当要求叠合面承受较大的抗剪能力（抗剪强度大于 $0.4N/mm^2$）时，薄板表面除要求粗糙外，还要增设抗剪钢筋，其规格及间距由设计计算确定。抗剪钢筋如图 6-21 所示。

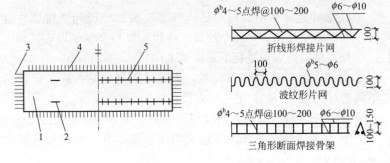

图 6-21 板面抗剪钢筋

1—薄板；2—吊环；3—主筋；4—分布筋；5—抗剪钢筋

为了增加薄板施工时的刚度，减少临时支撑，在预应力混凝土薄板模板表面还可设置钢筋桁架，如图 6-22 所示。

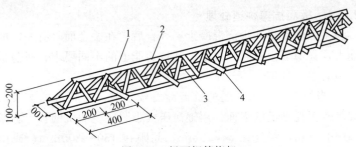

图 6-22 板面钢筋桁架

1—$\phi10\sim\phi16$ 上铁；2—$\phi6$ 肋筋；3—$\phi8$ 下铁；4—$\phi6@400$ 分布钢筋

6.2.1.2 预应力混凝土薄板模板构造

① 预应力混凝土薄板作为永久性模板，与面层现浇钢筋混凝土叠合层结合在一起形成楼板结合层。其楼板的正弯矩钢筋设置在预制薄板内，预应力筋通常采用高强钢丝或冷拔低碳钢丝，支座负弯矩钢筋则设置在现浇钢筋混凝土叠合层内。其构造做法如图 6-23所示。

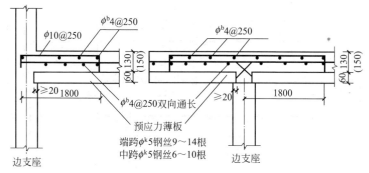

图 6-23 预应力混凝土薄板叠合楼板构造

② 根据预制与现浇结合面的抗剪要求，其叠合面的构造有以下三种。

a. 表面划毛。在薄板混凝土振捣密实刮平后，需及时用工具对表面进行划毛，划毛深度 4mm 左右，间距 100mm 左右。

b. 表面刻凹槽。凡大于 100mm 厚的预制薄板，在垂直于主筋方向的板的两端各留有三道凹槽，槽深 10mm、宽 80mm；对于较薄的预制薄板，待混凝土振捣密实刮平后，用简易工具刻梅花钉，其钉长和宽均为 40mm 左右，深度为 10～20mm，间距 150mm 左右。

c. 预留结构钢筋（或称钢筋小肋）。这种构造对现浇混凝土和预制薄板面的结合效果较好。同时能增加预制薄板平面以外的刚度，减少预制薄板出池、运输、堆放及安装过程中可能出现的裂缝，如图 6-24 所示。

6.2.2 预应力混凝土薄板模板的安装准备

① 单向板若出现纵向裂缝，必须征得工程设计单位同意后方可使用。钢筋向上弯成 45°角，板表面的尘土、浮渣应清除干净。

② 在支承薄板的墙或梁上，弹出薄板安装标高控制线，同时画出安装位置线和注明板号。

③ 按硬架设计要求，安装好薄板的硬架支撑，检查硬架上龙骨的上表面是否平直及符合板底设计标高要求。

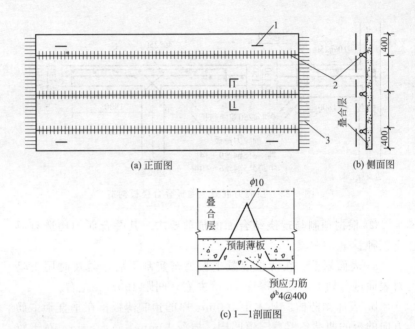

(a) 正面图　　　　　　　　　　　(b) 侧面图

(c) 1—1剖面图

图 6-24　预应力混凝土薄板构造

1—吊环；2—预留钢筋小肋；3—预留预应力筋

注：B—薄板宽度；L—薄板长度

④ 将支承薄板的墙或梁面部伸出的钢筋调整好。检查墙、梁顶面是否符合安装标高要求（墙、梁顶面标高比板底设计标高低 20mm 为宜）。

⑤ 薄板硬架支撑。其龙骨通常采用 100mm×100mm 木枋，也可用 50mm×100mm×2.5mm 薄壁方钢管或其他轻钢龙骨、铝合金龙骨。其立柱最好采用可调节钢支柱，亦可采用 100mm×100mm 木立柱。其拉杆可采用脚手架钢管或 50mm×100mm 木枋。

⑥ 板缝模板。一个单位工程应采用同一种尺寸的板缝宽度，或做成与板缝宽度相适应的几种规格木模。要使板缝凹进缝内 5～10mm 深（有吊顶的房间除外）。

6.2.3　预应力混凝土薄板模板的安装工艺

（1）安装工艺流程　预应力混凝土薄板模板的安装工艺流程

为：在墙或梁上弹出薄板安装水平线并画出安装位置线→薄板硬架支撑安装→检查和调整硬架支承龙骨上口水平标高→薄板吊运、就位→板底平整度检查及偏差纠正处理→整理板端伸出钢筋→板缝模板安装→薄板上表面清理→绑扎叠合层钢筋→叠合层混凝土浇筑并达到要求强度后拆除硬架支撑。

（2）硬架支撑安装 硬架支承龙骨上表面应保持平直，要与板底标高相同。龙骨及立柱的间距，要满足薄板在承受施工荷载和叠合层钢筋混凝土自重时，不产生裂缝和超出允许挠度的要求。通常情况下，立柱及龙骨的间距以 1200～1500mm 为宜。立柱下支点要垫通板，如图 6-25 所示。

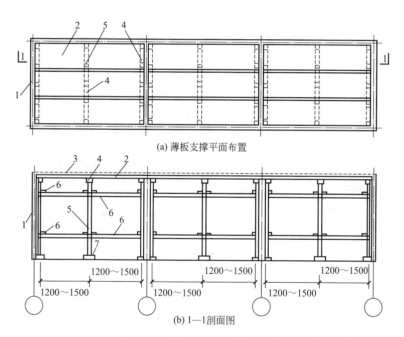

(a) 薄板支撑平面布置

(b) 1—1剖面图

图 6-25 硬架支撑

1—薄板支承墙体；2—预应力薄板；3—现浇混凝土叠合层；4—薄板支承龙骨（100mm×100mm 木枋或 50mm×100mm×2.5mm 薄壁方钢管）；

5—支柱（100mm×100mm 木枋或可调节的钢支柱，横距 0.9～1m）；

6—纵、横向水平拉杆（50mm×100mm 木枋或脚手架钢管）；

7—支柱下端支垫（50mm 厚通板）

当硬架的支柱高度大于3m时，支柱之间必须加设水平拉杆拉固。如采用钢管立柱时，连接立柱的水平拉杆必须使用钢管和卡扣与立柱卡牢，禁止采用钢丝绑扎。硬架的高度在3m以下时，应根据具体情况确定是否拉结水平拉杆。在任何情况下，都必须确保硬架支撑的整体稳定性。

（3）薄板吊装　吊装跨度在4m以内的条板时，可根据垂直运输机械起重能力和板重一次吊运多次。多块吊运时，应于紧靠板垛的垫木位置处，用钢丝绳兜住板垛的底面，将板垛吊运到楼层，先临时平稳停放在指定加固好的硬架或楼板位置上，然后挂吊环单块安装就位。

吊装跨度大于4m的条板或整间式的薄板，应采取6～8点吊挂的单块吊装方法。吊具可采用焊接式方钢框或双铁扁担式吊装架和游动式钢丝绳平衡索具，如图6-26及图6-27所示。

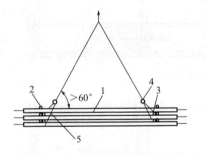

图 6-26　4m 长以内薄板多块吊装
1—预应力薄板；2—吊环；3—垫木；
4—卡环；5—带橡胶管套兜索

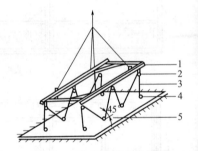

图 6-27　单块薄板八点吊装
1—方框式⊏12双铁扁担吊装架；
2—开口起重滑子；3—钢丝绳
6×19φ12.5；4—索具
卸扣；5—薄板

薄板起吊时，先吊离地面50cm停下，检查吊具的滑轮组、钢丝绳及吊钩的工作状况及薄板的平稳状态是否正常，然后再提升安装、就位。

（4）薄板调整　采用撬棍拨动调整薄板的位置时，撬棍的支点要垫木块，防止损坏板的边角。

薄板位置调整好后，检查板底与龙骨的接触情况，如发现板底和龙骨上表面之间空隙较大，可采用以下方法调整。如龙骨上表面的标高有偏差，可通过调整立柱螺纹或木立柱下脚的对头木楔纠正其偏差；如属板的变形（反弯曲或翘曲）所致，当变形发生在板端或板中部时，可用短粗钢筋棍和板缝成垂直方向贴住板的上表面，再用8号钢丝通过板缝将粗钢筋棍与板底的支承龙骨别紧，使板底和龙骨贴严，如图6-28所示；如变形只发生在板端部，也可用撬棍将板压下，使板底贴至龙骨上表面，然后用粗短钢筋棍的一端压住板面，另一端与墙（或梁）上钢筋焊牢固定，撤除撬棍后，使板底和龙骨接触严密，如图6-29所示。

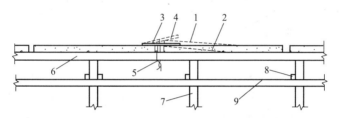

图 6-28　板端或板中变形的校正

1—板校正前的变形位置；2—板校正后的位置；3—$l=400\text{mm}$、$\phi25$ 以上钢筋用8号钢丝拧紧后的位置；4—钢筋在8号钢丝拧紧前的位置；5—8号钢丝；6—薄板支承龙骨；7—立柱；8—纵向拉杆；9—横向拉杆

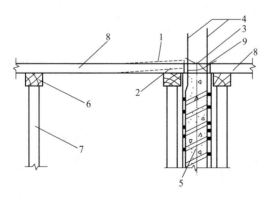

图 6-29　板端变形的校正

1—板端校正前的位置；2—板端校正后的位置；3—粗短钢筋头与墙体立筋焊牢压住板端；4—墙体立筋；5—墙体；6—薄板支承龙骨；7—立柱；8—混凝土薄板；9—板端伸出钢筋

（5）**板端伸出钢筋的整理** 薄板调整好后，将板端伸出钢筋调整到设计要求的角度，再理直伸入对头板的叠合层内。不得将伸出钢筋弯曲成 90°或往回弯入板的自身叠合层内。

（6）**板缝模板安装** 薄板底如不做设置吊顶的普通装修顶棚时，板缝模宜做成具有凸缘或三角形截面同时和板缝宽度相配套的条模。安装时可采用支撑式或吊挂式方法固定，如图 6-30 所示。

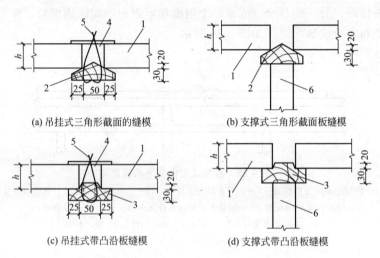

(a) 吊挂式三角形截面的缝模   (b) 支撑式三角形截面板缝模

(c) 吊挂式带凸沿板缝模   (d) 支撑式带凸沿板缝模

图 6-30 板缝模板

1—混凝土薄板；2—三角形截面板缝模；3—带凸沿截面板缝模；4—$l=100$mm、
$\phi6\sim\phi8$、中—中 500mm 钢筋别棍；5—14 号钢丝穿过板缝模，4 孔与钢筋
别棍拧紧（中—中 500mm）；6—板缝模支撑（50mm×50mm 木枋，
中—中 500mm）；h—板厚

（7）**薄板表面处理** 在浇筑叠合层混凝土前，板面预留的剪力钢筋要修整好，板表面的浮浆、浮渣、起皮、尘土要清理干净，然后用水将板浸透（冬期施工除外）。冬期施工时，薄板不能用水冲洗，应采取专门措施，确保叠合层混凝土与薄板结合成整体。

（8）**硬架支撑拆除** 如无设计要求时，需待叠合层混凝土强度达到设计强度标准值的 70%后，才能拆除硬架支撑。

6.3　预制预应力混凝土薄板模板

6.3.1　组合板的安装

6.3.1.1　料具准备工作

① 薄板硬架支撑。其龙骨通常可采用 100mm×100mm 木枋，也可用 50mm×100mm×2.5mm 薄壁方钢管或其他轻钢龙骨、铝合金龙骨。其立柱宜采用可调节钢支柱，亦可采用 100mm×100mm 木立柱，其拉杆可采用脚手架钢管或 50mm×100mm 木枋。

② 板缝模板。一个单位工程一般采用同一种尺寸的板缝宽度，或做成与板缝宽度相适应的几种规格木模。要使板缝凹进缝内 5～10mm 深（有吊顶的房间除外）。

③ 配备好钢筋扳手、撬棍、吊具、卡具、8号钢丝等工具。

6.3.1.2　作业条件准备

① 在支承薄板的墙或梁上，弹出薄板安装标高控制线，并画出安装位置线及注明板号。

② 按硬架设计要求，安装好薄板的硬架支撑，检查硬架上龙骨的上表面是否平直及符合板底设计标高要求。

③ 将支承薄板的墙或梁顶部伸出的钢筋调整好，钢筋向上弯成 45°，板上表面的尘土、浮渣清理干净。其中单向板如出现纵向裂缝，必须征得工程设计单位同意后方可使用。

④ 检查墙、梁顶面是否符合安装标高要求，墙、梁顶面标高比板底设计标高低 20mm 为宜。

6.3.2　非组合板的安装

6.3.2.1　作业条件准备

① 安装好薄板支撑系统，检查支承薄板的龙骨上表面是否平直及符合板底的设计标高要求。在直接支承薄板的龙骨上，分别画出薄板安装位置线、标注出板的型号。

② 检查薄板是否有裂缝、掉角、翘曲等缺陷，对有缺陷者需处理后再使用。

③ 去掉板的四边飞刺，板两端伸出钢筋向上弯起 60°，将板表面尘土和浮渣清理干净。

④ 按板的规格、型号和吊装顺序将板分垛码放好。

6.3.2.2 安装工艺要点

① 安装工艺流程为：薄板支撑系统安装→薄板的支承龙骨上表面的水平及标高校核→在龙骨上画出薄板安装位置线、标注出板的型号→板垛吊运、搁置在安装地点→薄板人工抬运、铺放和就位→板缝勾缝处理→整理板端伸出钢筋→薄板吊环的锚固筋铺设和绑扎→绑叠合层钢筋→板面清理、浇水浸透（冬季施工除外）→混凝土浇筑、养护至设计强度后拆除支撑系统。

② 薄板的支撑系统，可采用立柱式、桁架式或台架式的支撑系统。支撑系统的设计需按现行国家标准《混凝土结构工程施工质量验收规范》（GB 50204—2015）中模板设计有关规定执行。

③ 薄板一次吊运的块数，除应考虑吊装机械的起重能力外，还应考虑薄板采用人工码垛和拆垛、安装的方便。对板垛临时停放在支撑系统的龙骨上或已安装好的薄板上，要注意板垛停放处的支撑系统是否超载，避免该处的支承龙骨或薄板发生断裂，造成板垛塌落事故。

④ 薄板堆放的铺底支垫，必须使用通长的垫木（板），板的支垫要靠近吊环位置。其存放场地要平整、夯实和有良好的排水措施。

⑤ 薄板采用人工逐块拆垛，安装时，操作人员的动作要协调一致，避免板垛发生倾翻事故。薄板安装施工如图 6-31 所示。

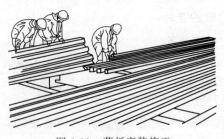

图 6-31 薄板安装施工

⑥ 薄板铺设和调整好后,应检查其板底和龙骨的搭接面及板侧的对接缝是否严密,如有缝隙时可用水泥砂浆钩严,以防止在浇筑混凝土时产生漏浆现象。

⑦ 板端伸出钢筋要按构造要求伸入现浇混凝土层内。穿过薄板吊环内的纵、横锚固筋,必须放在现浇楼板底部钢筋之上。

6.4 双钢筋混凝土薄板模板

6.4.1 双钢筋混凝土薄板模板的构造

薄板厚为 63mm,单板规格(平面尺寸)可分为九种板,见表 6-1。

表 6-1 双钢筋混凝土薄板模板规格 单位:mm

板长 L	4080	4380	4680	4980	5280	5580	5880	6180	6480	6780	7080
板宽 b	1390、1690、2000、2300、2600、2900、3200、3500、3800										

注:表中板宽(b)适用于各种板长(L)。

板的拼接可根据三拼板、四拼板、五拼板几种形式拼接成整间的双向受力现浇叠合楼板的底板,如图 6-32 所示。经多块拼接与现浇混凝土层叠合后,楼板的最大跨间距可达 7500mm×9000mm。

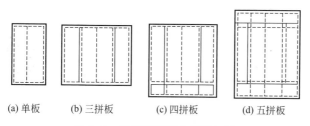

(a) 单板   (b) 三拼板   (c) 四拼板   (d) 五拼板

图 6-32 双钢筋混凝土薄板组拼

薄板之间的拼接缝宽度通常为 100mm,如排板需要时可在 80~70mm 之间变动,但大于 100mm 的拼缝,应置于接近楼板支承边的一侧。拼接缝的布置如图 6-33 所示。

薄板上表面的抗剪构造,为保证薄板和现浇混凝土层叠合后在叠合面具有适当的抗剪能力,板面可根据其对抗剪能力的不同要求

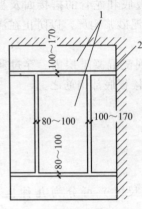

图 6-33　薄板拼接缝布置
1—双钢筋混凝土薄板；
2—连续边支座

进行构造处理，其做法与冷轧扭钢筋混凝土薄板模板相同。

6.4.2　双钢筋混凝土薄板模板的安装

6.4.2.1　安装工艺流程

双钢筋混凝土薄板模板的安装工艺流程与预应力混凝土薄板模板的相同。

6.4.2.2　工艺技术要点

① 硬架的支承安装和预应力混凝土薄板模板的安装要求相同。

② 硬架支撑的水平拉杆设置。当房间开间为单拼板或三拼板的组合情况，硬架的支柱高度大于 3m 时，支柱之间必须加设水平拉杆。支柱高度在 3m 以下时，可根据情况确定是否拉结。当房间开间为四拼板或五拼板的组合情况时，支柱必须加设纵、横贯通的水平拉杆。在任何情况下，都必须确保硬架支撑的整体稳定性。

③ 薄板吊装，应钩挂预留的吊环采取八点平衡吊挂的单块吊装方法。薄板起吊方法与预应力混凝土薄板模板的起吊方法相同。

④ 薄板调整。与预应力混凝土薄板模板的方法相同。

⑤ 板伸出钢筋的处理。薄板调整好后，将板端及板侧伸出的钢筋调整到设计要求的角度，并伸入相邻板的叠合层混凝土内。

⑥ 板缝模板安装。和预应力混凝土薄板模板的要求相同。

⑦ 薄板表面清理。和预应力混凝土薄板模板的要求相同。

⑧ 硬架支撑必须待叠合层混凝土强度达到设计强度 100％后才能拆除。

6.4.2.3　安装质量要求

① 薄板的端头和侧面伸出的双钢筋严禁上弯 90°或压在板下，必须按设计要求将其弯入相邻板的叠合层内。

② 板缝的宽度及其双钢筋绑扎的位置要正确，板侧面附着的浮渣、杂物等要清理干净并用水湿润透（冬期施工除外）。板缝混

凝土振捣要密实，以确保板缝双向传递的承载能力。

③ 在楼板施工中，薄板如需开凿管道等设备孔洞，应征得工程设计单位同意，开洞后需对薄板采取补强措施。开洞时禁止擅自扩大孔洞面积和切断板的钢筋。

6.5 预制双钢筋混凝土薄板模板

6.5.1 预制双钢筋混凝土薄板模板的运输和堆放

① 薄板采用平放成垛运输时，在垛底可采用通长垫木支垫在靠吊环点处，支垫上下要垂直对齐，支垫处（上下表面）需加橡胶垫垫实。

② 薄板吊运应吊挂板面上的吊环，采用八个吊点的平衡吊具同步吊运，吊运过程中不得随意弯曲薄板伸出的钢筋。

③ 薄板应分类、分规格堆放，码放高度不多于六块，堆放方法如图 6-34 所示。

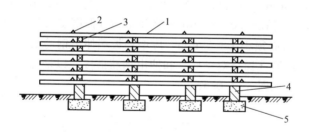

图 6-34 双钢筋混凝土薄板模板堆放示意
1—薄板；2—吊环；3—100mm×100mm×200mm 垫木；4—240mm×240mm× 300mm 砖垛，顶部用水泥砂浆找平同一标高；5—两步 3∶7 灰土

6.5.2 预制双钢筋混凝土薄板模板的安装

① 薄板应按八个吊环同步起吊，运输、堆放的支点位置应在吊点位置。

② 堆放场地应夯实平整。不同板号应分别码垛，不允许不同板号重叠堆放。堆放高度不得大于六层。

③ 薄板安装前应事先做好现场临时支架，如图 6-35 所示，并

在找平、找正后方能安装就位，与支架直交的板缝可以使用吊模。

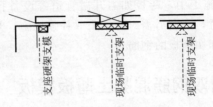

图 6-35　临时支架示意图

　　硬架支撑的水平拉杆设置为：当房间开间为单拼板或三拼板的组合情况，硬架的支柱高度大于 3m 时，支柱之间必须加设水平拉杆；支柱高度在 3m 以下时，可根据情况确定是否拉结。当房间开间为四拼板或五拼板的组合情况时，支柱必须加设纵、横贯通的水平拉杆。在任何情况下，都必须确保硬架支撑的整体稳定性。

　　④ 板侧伸出的双钢筋长度与板端伸入支座内的双钢筋的长度不少于 300mm。薄板在支座上的搁置长度通常为 +20mm；如排板需要，亦可在 -50～+30mm 之间变动（但简支边的搁置长度应大于 0）；若必须小于 -50mm，应增加板端伸出钢筋的长度，或在现场另行加筋（梯格双钢筋）和伸出钢筋搭接，以增加伸出钢筋的有效长度，如图 6-36 所示。

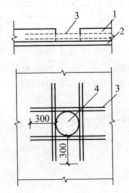

图 6-36　预留孔洞配筋位置示意
1—叠合层；2—薄板；3—配筋；4—孔洞

⑤ 薄板的吊环构造连接。薄板拼接完后，沿吊环的两个方向用通长的 φ8 钢筋将吊环进行双向连接，钢筋端头伸入邻跨 400mm 并加弯钩，和吊环直交方向的钢筋穿越吊环，另一方向的钢筋置于直交钢筋下同时与之绑扎，如图 6-37 所示。

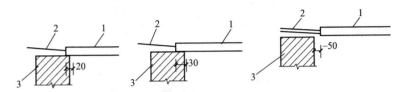

图 6-37 薄板在支座上的搁置长度
1—薄板；2—伸出双钢筋≥300mm；3—支座（墙或梁）

⑥ 薄板调整好后，将板端与板侧伸出的钢筋调整到设计要求的角度，并伸入相邻板的叠合层混凝土内，如图 6-38 所示。

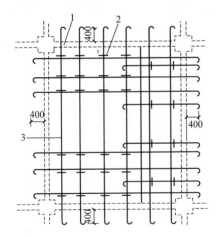

图 6-38 薄板的吊环连接构造（四拼或五拼板）
1—板的周边支座；2—吊环；3—纵、横向 φ8 连接钢筋

⑦ 在楼板叠合层预留孔洞、孔位周边，各侧加放双钢筋，如图 6-39 所示。筋长为孔径＋600（mm），浇筑在叠合层内。待叠合层浇筑养护后，再将薄板孔洞钻通。

⑧ 待叠合层混凝土强度达到 100% 时，方可拆除下部支架。

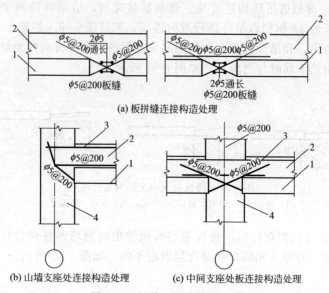

(a) 板拼缝连接构造处理

(b) 山墙支座处连接构造处理　　(c) 中间支座处板连接构造处理

图 6-39　板伸出钢筋构造处理

1—双钢筋混凝土薄板；2—现浇混凝土叠合层；3—支座负筋；4—墙体

7 胶合板模板

7.1 木胶合板模板

7.1.1 木胶合板模板的组成与构造

　　木胶合板是一组单板（薄木片）按相邻层木纹方向相互垂直组坯相互胶合成的板材。其表板与内层板对称配置在中心层或板芯的两层。混凝土模板使用的木胶合板属于具有高耐气候性、耐水性的Ⅰ类胶合板，胶黏剂为酚醛树脂胶或性能相当的树脂。

　　模板用的木胶合板一般是由 5、7、9、11 层等奇数层单板经热压固化而胶合成形。相邻层的纹理方向相互垂直，通常最外层表板的纹理方向与胶合板板面的长向平行，如图 7-1 所示。因此，整张胶合板的长向为强方向，短向为弱方向，使用时必须加以注意。

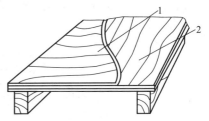

图 7-1　木胶合板纹理方向与使用
1—表板；2—芯板

7.1.2 楼板模板的支设

7.1.2.1 采用脚手钢管搭设排架铺设楼板模板

　　采用脚手钢管搭设排架铺设楼板模板常采用的支模方法是：用 $\phi48\times3.5$ 脚手钢管搭设排架，在排架上铺放 50mm×100mm 木枋，间距为 400mm 左右，作为面板的搁栅（木楞），在其上铺设胶合板面板，如图 7-2 所示。

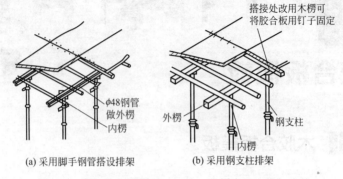

(a) 采用脚手钢管搭设排架　　　　(b) 采用钢支柱排架

图 7-2　楼板模板采用脚手钢管（或钢支柱）排架支撑

7.1.2.2　采用木顶撑支设楼板模板

① 楼板模板铺设在搁栅上，搁栅两头搁置在托木上，搁栅通常是断面为 50mm×100mm 的木枋，间距为 400～500mm。当搁栅跨度较大时，应在搁栅下面再铺设通长的牵杠，以减小搁栅的跨度。牵杠撑的断面要求与顶撑立柱一样，下面需垫木楔和垫板，一般用 (50～75)mm×150mm 的木枋。楼板模板应垂直于搁栅方向铺钉，如图 7-3 所示。

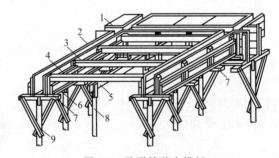

图 7-3　肋形楼盖木模板

1—楼板模板；2—梁侧模板；3—搁栅；4—横档（托木）；5—牵杠；
6—夹木；7—短撑木；8—牵杠撑；9—支柱（琵琶撑）

② 楼板模板安装时，先在次梁模板的两侧板外侧弹水平线，水平线的标高应为楼板底标高减去楼板模板厚度和搁栅高度，然后按水平线钉上托木，托木土口与水平线相齐。再把靠梁模旁的搁栅

先摆上，等分搁栅间距，摆中间部分的搁栅。最后在搁栅上铺钉楼板模板。为了便于拆模，只在模板顶端或接头处钉牢，中间尽量少钉。如中间设有牵杠撑及牵杠时，应在搁栅摆放前先将牵杠撑立起，将牵杠铺平。

③ 采用早拆体系支设楼板模板，典型的平面布置如图 7-4 所示。

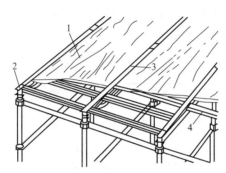

图 7-4 无框木胶合板楼板模板组合示意
1—木（竹）胶合板；2—早拆柱头板；3—主梁；4—次梁

a. 支模工艺。支模工艺流程为：立可调支撑立柱及早拆柱头→安装模板主梁→安装水平支撑→安装斜撑→调平支撑顶面→安装模板次梁→铺设木（竹）胶合板模板→面板拼缝粘胶带→刷脱模剂→模板预检→进行下道工艺。

b. 拆模工艺。拆模工艺流程为：落下柱头托板，降下模板主梁→拆除斜撑及上部水平支撑→拆除模板主、次梁→拆除面板→拆除下部水平支撑→清理拆除支撑件→运至下一流水段→待楼（顶）板达到设计强度，拆除立柱（现浇顶板可根据强度的增长情况再保留一～二层的立柱）。

7.2 竹胶合板模板

7.2.1 竹胶合板模板的组成与构造

混凝土模板用的竹胶合板，如图 7-5 所示，其面板与芯板做法不同。芯板一般为竹帘单板，做法是将竹子内肉部分劈成竹条，宽度为 14～17mm，厚度为 3～5mm，在软化池中进行高温软化处理后，进行烤青、烤黄、去竹衣和干燥等进一步处理。竹帘的编织可用人工或编织机编织。面板一般为编席单板，做法是竹子劈开（成片状）由编工编成竹席。表面使用薄木胶合板。这种胶合板既利用了竹材资源，又兼有木胶合板的表面平整度，利于进行表面处理，进而提高竹胶合板的质量。混凝土模板用竹胶合板的厚度常为 9mm、12mm、15mm。为增加周转使用次数，竹胶合板的厚度需大于 9mm，并做表面处理。

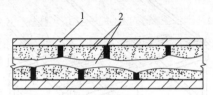

图 7-5　竹胶合板断面构造
1—竹席或薄木片表板；2—竹帘芯板

为了提高胶合板的耐水性、耐磨性及耐碱性，通常在竹胶合板表面涂饰环氧树脂。

7.2.2　竹胶合板模板的施工

（1）楼（顶）板模板　胶合板用作楼板模板时，普通的支模方法为：用 $\phi 48 \times 3.5$ 脚手钢管搭设排架，排架上铺放间距为 400mm 左右的 50mm×100mm 木枋，作为面板下的楞木，如图 7-6 所示。木胶合板常用厚度为 12mm、18mm，竹胶合板常用厚度为 12mm。

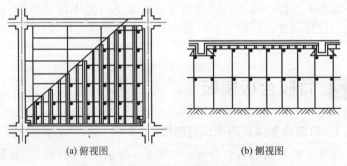

(a) 俯视图　　　　　　　　　　(b) 侧视图

图 7-6　楼板模板采用整张胶合板做面板

木枋的间距随胶合板厚度做调整。这种支模方法比较简便，现已在施工现场大面积采用，胶合板模板施工现场如图 7-7 所示。

（2）墙模板 胶合板用作墙模板时，普通的支模方法为：胶合板面板外侧的内楞用 50mm×100mm 木枋，外楞用 φ4.8×3.5 脚手钢管，内外模用 3 形卡和穿墙螺栓拉结，如图 7-8 所示。

图 7-7 胶合板模板施工现场

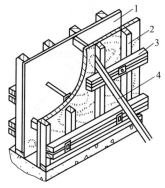

图 7-8 胶合板用作墙模板
1—墙模板；2—内楞；3—横
档（托木）；4—斜撑

7.3 钢框胶合板模板

7.3.1 钢框胶合板

7.3.1.1 55 型和 78 型钢框胶合板楼板支撑系统

梁、板模板的支撑系统包括独立式钢支撑、空腹工字钢梁和钢木工字梁。

（1）独立式钢支撑 独立式钢支撑由支撑杆、支撑头及折叠三脚架组成，是一种可伸缩微调的独立式钢支撑，主要用于建筑物水平结构垂直支撑。单根支撑杆也可作为斜撑、水平撑。

支撑杆由内外两个套管组成。内管采用 φ48×3.5 钢管，内管上每隔 100mm 有一个销孔，可插入回形销钉调节支撑高度；外管采用 φ60×3.5 钢管，外管上部焊有一节螺纹管，与微调螺母配

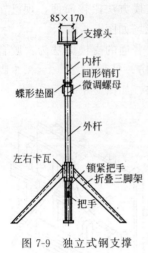

85×170
支撑头
内杆
回形销钉
微调螺母
蝶形垫圈
外杆
左右卡瓦
锁紧把手
折叠三脚架
把手

图 7-9 独立式钢支撑

合，微调范围 150mm。由于采用内螺纹调节，螺纹不外露，可以避免螺纹的碰损和污染。

支撑头插入支撑杆顶部，支撑头上焊有四根小角钢。85mm 宽的方向用于搭接单根空腹工字钢梁；170mm 宽的方向用于搭接双根钢梁。

折叠三脚架的腿部用薄壁钢板压制成 "匚" 形，核心部分有左、右两个卡瓦，靠偏心锁紧。折叠三脚架打开后卡住支撑杆，用锁紧把手加固，使支撑杆独立、稳定，如图 7-9 所示。

楼板模板组装后的情况如图 7-10 所示。

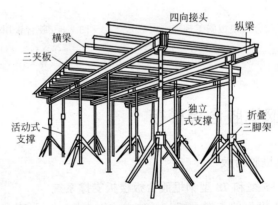

四向接头
纵梁
横梁
三夹板
独立式支撑
折叠三脚架
活动式支撑

图 7-10 楼板模板支设情况

（2）空腹工字钢梁 空腹工字钢梁上下翼缘采用 1.5mm 厚冷轧薄钢板压制而成，腹部斜杆为 40mm×35mm 薄壁矩形焊接钢管，翼缘内侧开口处用 1.2mm 厚薄钢板封口，如图 7-11 所示。

（3）钢木工字梁 钢木工字梁其上下翼缘采用木枋，腹板由薄钢板压制而成，同时和翼缘木枋连接，腹板之间用薄壁钢管铆接，如图 7-12 所示。上下翼缘木枋尺寸为 80mm×40mm。

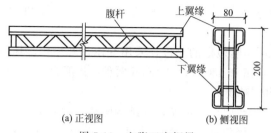

(a) 正视图　　　(b) 侧视图

图 7-11　空腹工字钢梁

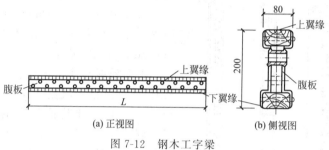

(a) 正视图　　　(b) 侧视图

图 7-12　钢木工字梁

L—钢木工字梁长度

7.3.1.2　75 系列钢框胶合板

（1）平面模板　平面模板以 600mm 为最宽尺寸，作为标准板，级差为 50mm 或其倍数，宽度小于 600mm 的为补充板。长度以 2400mm 为最长尺寸，级差为 300mm，平面模板的构造如图 7-13 所示。

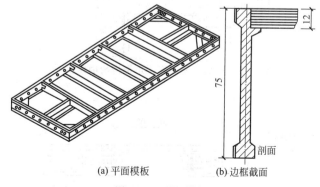

(a) 平面模板　　(b) 边框截面

图 7-13　平面模板

（2）连接模板　连接模板有阴角模、连接角模与铰接模三种。

为加强阴角模边框的刚度，采用专用热轧型钢，其角肢规格有 150mm×150mm 和 150mm×100mm 两种，长度为 900mm、1200mm、1500mm，共三种规格。

75 模板体系中设阳角模，凡结构阳角处均需采用。

75×75 连接角钢，其优点是每一平面上可少两条拼缝，加工简单、成本低、精度高。

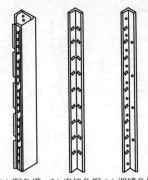

(a)阳角模 (b)连接角钢 (c)调缝角钢

图 7-14　各种角模

铰接模宽度有 200mm、150mm 两种，长度为 900mm、1200mm、1500mm，共三种规格。

平面模板、连接角模、铰接模共有 44 种规格。以宽度 600mm 标准板为主体，和其他狭窄的补充板、调缝板、连接角钢、铰接模等组合，可满足拼装柱、梁板、电梯井筒模各种结构尺寸的需要。

图 7-14～图 7-16 所示为各种角模及其使用方法。

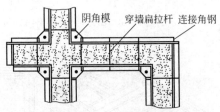

图 7-15　用阴角模、连接角钢拼装墙体模板

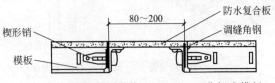

图 7-16　用调缝角钢拼装 80～200mm 非标准模板

（3）配件用法　配件分为连接件和支承件两大类。

① 连接件。连接件有楔形销、单双管背楞卡、L形插销、扁杆对拉、厚度定位板等，其用法如图7-17和图7-18所示。

② 支承件。支承件有脚手架钢管背楞、操作平台、斜撑等，其用法如图7-19所示。

图 7-17　穿墙扁拉杆用法

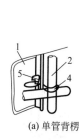 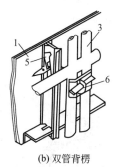

(a) 单管背楞　　　(b) 双管背楞

图 7-18　单、双管背楞用法

1—模板；2—单管背楞；3—双管背楞；4—单背楞卡；5—楔形销；6—双背楞卡

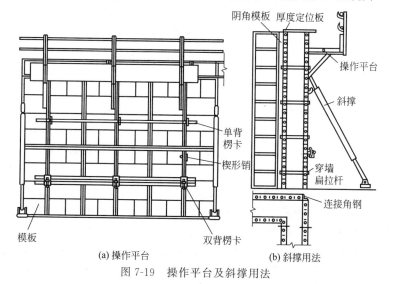

(a) 操作平台　　　(b) 斜撑用法

图 7-19　操作平台及斜撑用法

7.3.2 组合钢框木（竹）胶合板模板的安装

7.3.2.1 预组拼装模板

① 拼装模板的场地应夯实整平，条件允许时应设拼装操作平台。

② 按模板设计配板图进行组装，所有卡件连接件应有效地紧固。

③ 柱子、墙体模板在组装时，应预留清扫口、振捣口。

④ 组装完毕的模板（图 7-20），要按图纸要求检查其对角线、平整度、外形尺寸和紧固件数量是否有效、牢靠，并涂刷脱模剂，分规格堆放。

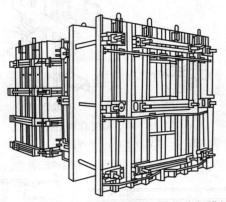

图 7-20 组装完毕的钢框木（竹）胶合板模板

7.3.2.2 柱模板安装工艺

（1）单块就位组拼工艺流程 工艺流程为：搭设安装架子→第一层模板安装就位→检查对角线、垂直和位置→安装柱箍→第二、三等层柱模板及柱箍安装→安装有梁口的柱模板→全面检查校正→群体固定。

（2）单块安装柱模板施工要点

① 先将柱子第一层四面模板就位组装好，每面带一阴角模或连接角模，用 U 形卡正反交替连接。

② 使模板四面按给定柱截面线就位，并使之垂直，对角线相等。

③ 用定型柱套箍固定，楔板到位，销铁插牢。

④ 以第一层模板为基准，以同样方法组装第二层和第三层，直至有梁口柱模板。用 U 形卡对竖向、水平接缝正反交替连接。在适当高度进行支撑和拉结，防止倾倒。

⑤ 对模板的轴线位移、垂直偏差、对角线、扭向等全面校正，并安装定形斜撑，或将一般拉杆与斜撑固定在预先埋在楼板中的钢筋环上，每面设两个拉（支）杆，与地面成 45°夹角。以上述方法安装一定流水段的模板，并检查安装质量，最后进行群体的水平（支）杆及剪刀撑的固定。

⑥ 将柱根模板内清理干净，封闭清理口。

（3）单片预组拼柱模板工艺流程　工艺流程为：单片预组拼柱组拼→第一片柱模就位→第二片柱模就位用角模连接→安装第三片和第四片柱模→检查柱模对角线及位移并纠正→自下而上安装柱箍并做斜撑→全面检查安装质量→群体、柱模固定。

（4）单片预组拼模板安装施工要求

① 单片模板，一柱四片，每片带一角模。组装时相邻两块板的每一孔都要用 U 形卡卡紧。大截面柱模设圆形龙骨时，用钩头螺栓外垫蝶形扣件和平板边肋孔卡紧。模板组拼要按图留设清扫口，组装完毕要检查模板的对角线、平整度及外形尺寸，并编号，涂刷脱模剂，分规格堆放。

② 吊装就位第一片模板，并设临时支撑或用钢丝和柱主筋绑扎临时固定。

③ 随即吊装第二片柱模，用阴角模（或连接角模）和第一块柱模连接呈 L 形。并用 U 形卡卡紧模板边肋与角模一翼，做好支撑或固定。

④ 如上述方法完成第三片和第四片柱模的吊装就位及连接，使之呈方桶形。

⑤ 自下而上安装柱套箍，校正柱模轴线位移、垂直偏差、截面对角线，并做支撑固定。

⑥ 以上述方法安装一定流水段柱模后，全面检查安装质量，并做群体的水平拉（支）杆和剪力支杆的固定。

（5）整体预组拼柱模板安装工艺流程　工艺流程为：组拼整体

柱模板并检查→吊装就位→安装支撑→全面质量检查→柱模群体固定。

(6) 整体预组拼柱模板安装施工要点

① 吊装前,先检查整体预组装的柱模板上下口的截面尺寸、对角线偏差,连接件、卡件、柱箍的数量及紧固程度。检查柱筋是否有碍柱模的套装,并用钢丝将柱顶筋先绑扎在一起,以利于柱模从顶部套入。

② 当整体柱模安装于基准面上时,模板下口放线后,用四根斜撑或带有花篮螺栓的缆风绳和柱顶四角连接,另一端锚于地面,校正其中心线、柱边线、柱模桶体扭向和垂直后,支撑固定。当柱高超过 6m 时,不宜单根支撑,宜几根柱同时支撑连成构架。

③ 梁柱模板分两次支设时,最上一层模板应暂时不拆,以便于二次支梁柱模板的连接,与接槎通顺。

7.3.2.3 墙模板安装工艺

(1) 墙模板单块就位组拼安装工艺流程 工艺流程为:组装前检查→安装门窗口模板→安装第一步模板(两侧)→安装内钢楞调整模板平直→安装第二步至顶部两侧模板→安装内钢楞调平直→安装穿墙螺栓→安装外钢楞→加斜撑并调模板平直→与柱、墙、楼板模板连接。

(2) 墙模板单块就位组拼安装施工要点

① 在安装模板前,按位置线安装门窗洞口模板,与墙体钢筋固定,同时安装预埋件或木砖等。

② 安装模板宜采用墙两侧模板同时安装。第一步模板边安装锁定边插入穿墙或对拉螺栓及套管,并将两侧模对准墙线使之稳定,然后用钢卡或碟形扣件和钩头螺栓固定于模板边肋上,调整两侧模的平直。

③ 用同样方法安装其他若干步模板到墙顶部,内钢楞外侧安装外钢楞,并将其用方钢卡或蝶形扣件与钩头螺栓及内钢楞固定,穿墙螺栓由内外钢楞中间插入,用螺母将蝶形扣件拧紧,使两侧模板成为一体。安装斜撑,调整模板垂直,合格后,和墙、柱、楼板模板连接。墙模板安装示意如图 7-21 所示。

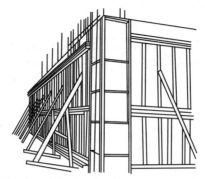

图 7-21 钢框木（竹）胶合板墙模板安装

④ 钩头螺栓、穿墙螺栓、对接螺栓等连接件均需连接牢靠，松紧力度一致。

（3）预拼装墙模板工艺流程 工艺流程为：安装前检查→安装门窗口模板→一侧墙模吊装就位→安装斜撑→插入穿墙螺栓及塑料套管→清扫墙内杂物→安装就位另一侧墙模板→安装斜撑→穿墙螺栓穿过另一侧墙模→调整模板位置→紧固穿墙螺栓→斜撑固定→与相邻模板连接。

（4）预拼装墙模板安装施工要点

① 检查墙模板安装位置的定位基准面墙线和墙模板编号，符合图纸要求后，安装窗口等模板及预埋件或木砖。

② 将一侧预拼装墙模板根据位置线吊装就位，安装斜撑或使工具型斜撑调整至模板与地面成 75° 夹角位置，使其稳定坐落于基准面上。

③ 安装穿墙或对拉螺栓与支固塑料套管。要使螺栓杆端向上，套管套于螺杆上，清扫模内杂物。

④ 以同样方法就位另一侧墙模板，使穿墙螺栓穿过模板并在螺栓杆端安装扣件与螺母，然后调整两块模板的位置及垂直，与此同时调整斜撑角度，合格后固定斜撑，紧固全部穿墙螺栓的螺母。

⑤ 模板安装完毕后，全面检查扣件、螺栓、斜撑是否紧固、稳定，模板拼缝和下口是否严密。

7.3.2.4 梁模板安装工艺

（1）梁模板单块就位安装工艺流程　工艺流程为：弹出梁轴线及水平线并复核→搭设梁模支架→安装梁底楞或梁卡具→安装梁底模板→梁底起拱→绑扎钢筋→安装侧梁模→安装另一侧梁模→安装上下锁口楞、斜撑楞及腰楞和对拉螺栓→复核梁模尺寸、位置→与相邻模板连接牢固。

（2）梁模板单块就位安装施工要点

① 在混凝土柱上弹出梁的轴线和水平线（梁底标高引测用），并复核。

② 安装梁模支架之前，首层为土壤地面时应夯实平整，无论首层是土壤地面或楼板地面，均应在专用支柱下脚铺设通长脚手板，并且楼层间的上下支座应在一条直线上。支柱通常采用双排（设计定），间距以 60～100cm 为宜。支柱上连固 10cm×10cm 木楞（或定型钢楞）或梁卡具。支柱中间及下方加横杆或斜杆，立杆加可调底座。

③ 在支柱上调整预留梁底模板的厚度，满足设计要求后，拉线安装梁底模板并找直，底模上应拼上连接角模。

④ 在底模上绑扎钢筋，经验收合格后，清除杂物，安装梁侧模板，将两侧模板与底板连接角模用 U 形卡连接。用梁卡具或安装上下锁口楞和外竖楞，附以斜撑，其间距一般宜为 75cm。当梁高超 60cm 时，需加腰楞，并穿对拉螺栓（或穿墙螺栓）加固。侧梁模上口要拉线找直，用定型夹子固定。

⑤ 复核检查梁模尺寸，与相邻梁柱模板连接紧固。有楼板模板时，在梁上连接阴角模，与板模拼接紧固。

（3）梁模板单片预组合模板安装工艺流程　工艺流程为：弹出梁轴线及水平线并做复核→搭设梁模支架→预组拼模板检查→底模吊装就位安装→起拱→侧模安装→安装侧向支撑或梁夹固定→检查梁口平直模板的尺寸→卡梁口卡→与相邻模板连接固定。

（4）梁模板单片预组合模板安装施工要点　检查预组拼模板的尺寸、对角线、平整度、钢楞的连接、吊点的位置和梁的轴线及标高，符合设计要求后，先把梁底模吊装就位于支架上，与支架连固并起拱。分别吊装梁两侧模板，与底模连接。安装侧支撑固定，检查梁模位置、尺寸均正确后，再将钢筋骨架吊装就位，或在梁模上绑扎入模就位。卡梁口卡与相邻模板连接固定。其操作细节要点与单块就位安装工艺相同。

（5）梁模板整体预组合模板安装工艺流程　　工艺流程为：弹出梁轴线及水平线并做复核→搭设梁模板支架→梁模板整体吊装就位→梁模板与支架连接固定→复核梁模板位置尺寸→侧模斜撑固定→卡梁卡口。

（6）梁模板整体预组合模板安装施工要点　　复核梁模板标高与轴线，搭设双排梁模板支架。短向两支柱间安装木（钢）楞。梁底模长向连固通长钢（木）楞，以增加底模整体性，便于吊装。复核预组合梁模板的尺寸、连接件、钢楞和吊点位置，进行试吊。吊运时，梁模板上口加支撑，以增加整体刚度。吊装就位，校正梁轴线、标高、梁模底两边长纵楞，与支架横楞固定。梁侧模用斜撑固定。

7.3.2.5　楼板模板安装工艺

（1）楼板模板单块就位安装工艺流程　　工艺流程为：搭设支架→安装横纵钢（木）楞→调整楼板下皮标高及起拱→铺设模板块→检查模板上皮标高、平整度。

（2）楼板模板单块就位安装工艺施工要点

① 支架搭设前楼地面和支柱托脚的处理。支架的支柱（可用早拆翼托支柱从边跨一侧开始），依次逐排安装，同时安装钢（木）楞与横拉杆，其间距按模板设计的规定。通常情况下支柱间距为80～120cm，钢（木）楞间距为60～120cm；需要装双层钢（木）楞时，上层钢（木）楞间距通常为40～60cm。

② 支架搭设完毕后，要认真检查板下钢（木）楞与支柱连接和支架安装的牢固与稳定，根据给定的水平线，认真调节支模翼托的高度，将钢（木）楞找平。

③ 铺设定型组合钢框竹（木）模板块。先用阴角模和墙模或梁模连接，然后向跨中铺设平面模板。相邻两块模板用U形卡满安连接。U形卡紧方向应反正相间，并用一定数量的钩头螺栓（或按设计）和钢楞连接。亦可用U形卡预组拼单元片模再铺设，

以减少仰面在板面下作业。最后对不是整模数的模板与窄条缝，采用拼缝模或木枋嵌补，拼缝应严密。

④ 平面模板铺设完毕后，用靠尺、塞尺及水平仪检查平整度与楼板底标高，并进行校正。

7.4 无框带肋胶合板模板

7.4.1 无框带肋胶合板模板的构造

7.4.1.1 面板

面板为无框模板构件之一。

（1）基本面板　各种建筑物、构筑物无框模板体系用的定型面板，共有 1200mm×2400mm、900mm×2400mm、600mm×2400mm、150mm×2400mm 四种。基本面板按受力性能带有固定拉杆孔位置，依照平面组合需要和拉杆孔位置的设置不同，基本面板共有四种规格、七种产品。

（2）高度拼接面板　根据纵肋高度扣除基本面板高度 2400mm 外的相应高度的面板为高度拼接面板，如图 7-22 所示。

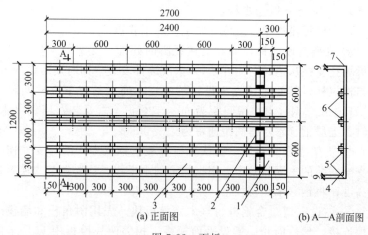

图 7-22　面板

1—拼接面板（1200mm×300mm）；2—拼缝节点；3—基本面板（1200mm×2400mm）；
4—边肋；5—M8×25 螺栓、螺母；6—纵肋；7—封边条

（3）强力塑胶封边条　为了提升面板抗破损能力，在基本面板和高度拼接面板的四周的板边开槽，镶嵌强力 PVC 塑胶条，用胶黏剂固定。其功能是增强板边抗破损能力，防止面板吸湿变形。

（4）拉杆孔塑胶加强套　为了提升面板抗破损能力，在带有拉杆孔的基本面板和高度拼接面板上的拉杆孔位置，镶嵌强力 PVC 塑胶加强套。其功能是增强拉杆孔处面板的抗破损能力，防止面板吸湿变形。

7.4.1.2　纵肋

纵肋为无框带肋模板构件之一，是主要受力构件。用热轧钢板碾压成型，表面进行酸洗除锈喷塑处理，其受力断面高度有 45mm、70mm 两种规格。

纵肋根据建筑物、构筑物不同层高需要，有 2700mm、3000mm、3300mm、3600mm、3900mm 五种不同长度，可组合成层高为 2700～4200mm 不同高度的建筑物、构筑物模板。

7.4.1.3　边肋

边肋为模板构件之一，是模板组合时的连接构件，用热轧钢板折弯成形。表面进行酸洗除锈喷塑处理。高度有 45mm、70mm 两种，分别用于 45、70 系列无框模板连接使用。

边肋根据建筑物、构筑物不同层高需要，有 2700mm、3000mm、3300mm、3600mm、3900mm 五种不同长度，可组合成层高为 2700～4200mm 不同高度的建筑物、构筑物模板。边肋在工程上的使用，如图 7-23 所示。

7.4.1.4　配套模板

配套模板用基本模板及补缺模板、阴角、阳角、固定角等配套模板就可任意组合，能满足各种不同平面的建筑物、构筑物模板工程的需要。

（1）补缺模板　在组配各种不同尺寸的模板时，当不能用基本模板满足平面配模需要时，其不足部分为补缺模板。补缺模板应安排在角模两侧，如图 7-24 所示。

（2）阴角　平面模板组合时阴角是用于转角处模板之一，宽度是 200mm，用热轧钢板折弯成型，表面进行酸洗除锈后喷塑处理，

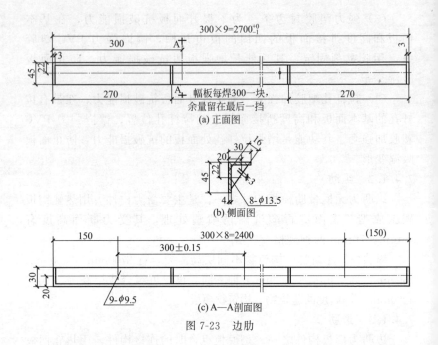

图 7-23 边肋

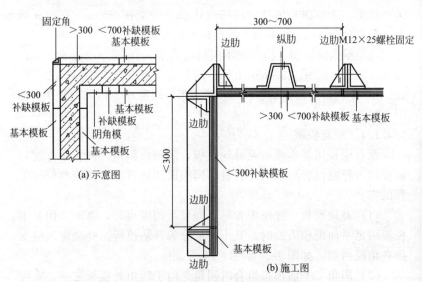

图 7-24 补缺模板

有 2700mm、3000mm、3300mm、3600mm、3900mm 五种不同长度，如图 7-25 所示。

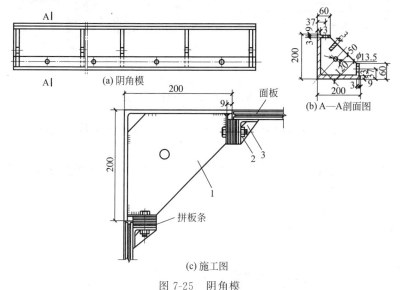

图 7-25　阴角模

1—阴角模；2—M12×25 螺栓；3—边肋

（3）阳角　平面模板组合时阳角是用于转角处模板之一，宽度是 200mm，用热轧钢板折弯成型，表面进行酸洗除锈后喷塑处理，有 2700mm、3000mm，3300mm、3600mm、3900mm 五种不同长度。

（4）固定角　平面模板组合时固定角是用于转角处模板之一，用热轧钢板折弯成型或成品角钢，表面进行酸洗除锈后喷塑处理，有 2700mm、3000mm、3300mm、3600mm、3900mm 五种不同长度，如图 7-26（a）所示。用固定角与模板亦可组成阳角，如图 7-26（b）所示。

7.4.1.5　连接件

模板之间连接的配件有以下几种。

（1）螺栓　螺栓是不拆节点模板之间的连接配件，通常用 M12×25 螺栓。

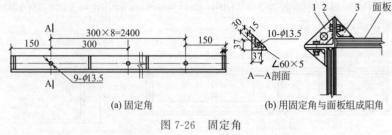

(a) 固定角　　　　　(b) 用固定角与面板组成阳角

图 7-26　固定角

1—固定角；2—M12×25 螺栓；3—边肋

　　(2) 斜销　斜销是可拆节点模板之间的连接配件，如图 7-27 所示。

　　(3) 连接钢板　连接钢板常用于基本面板和高度拼接面板、接高面板之间的连接与加强。

　　(4) 垫板　模板连接处加设的弹性垫板，可用胶合板、木板、塑胶条制作，如图 7-27 所示。

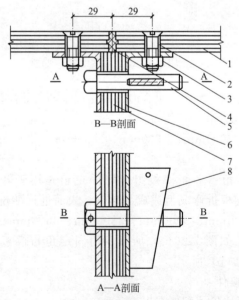

图 7-27　模板拼接可拆节点

1—面板；2—M8×25 螺栓；3—M8 螺母；4—PVC 密封条；

5—螺杆（Q235A）；6—边肋；7—连接垫板；8—斜销

7.4.2 无框模板的拼装

7.4.2.1 拼装准备

① 机具材料的准备。机具材料包含塔式起重机、切割机、无齿锯片、电焊机、焊条、钢管、扳手、钩头螺栓、十字卡等材料及机具。

② 无框模板运到现场后，立即清点数量，核对型号，无框模板的斜撑、平台、护身栏、工具箱必须齐全，同时对基本面板、阴角模、固定角模等检查加工质量。

③ 拼装前，准备好拼装场地，场地要求基本平整，用100mm×100mm的木枋置放三排，每排木枋平整不大于20mm，用于无框模板的拼装。

7.4.2.2 片模的拼装

片模的拼装是对照大模板平面配置图及其大模板组装表，按模板边肋孔眼的位置，用 $\phi 12 \times 40$ 的螺栓将其基本模板连接好，拼装成可不拆卸的大模板。拼装成的可拆卸大模板的平整度达到质量要求时，可先将此部位的螺栓稍微拧松，再将面板调整好，后把螺栓拧紧。墙、柱、楼板模板的组装，如图7-28～图7-30所示。

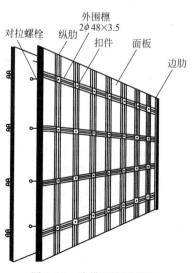

图 7-28 墙模组配示意图

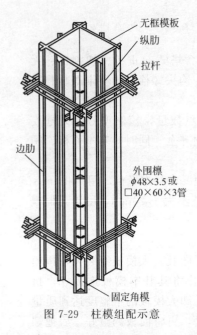

图 7-29 柱模组配示意

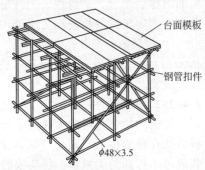

图 7-30 楼板模板组配示意图

7.4.2.3 横肋的安装

横肋的安装是按照大模板平面配置图，将可不拆卸大模板用 $\phi48\times3.5$ 钢管（两根）组装好横肋，横肋与穿墙螺栓排数相同，即五排。钢管的两端和组装好的大模板两边平齐，即钢管长度和组装好的模板宽度相同，横肋用"L14"钩头螺栓与3形卡固定好。钩头螺栓的数量和纵肋孔眼的数量相同，与补缺模板相邻的模板，用 $\phi12$ 钢筋在其纵肋焊割五个"Ⅱ"形环，高度是 8cm，与之对应的补缺模板需在相应位置上焊同样形状的环。

斜撑和操作平台设计为一体结构或分体结构，用十字卡将其与大模板横肋进行连接，每道斜撑不少于3个十字卡。斜撑安装时，应对照大模板平面配置图，纵横两个方向大模板的斜撑位置应错开，以防止大模板安装时纵横方向的斜撑"打架"现象。

7.4.3 内墙模板的施工

（1）内墙模板的施工流程 工艺流程为：安装固定阴角模→吊装内墙一侧补缺模板→吊装已组装好的内墙大模板→穿墙螺栓及硬

质塑料管→吊装另一侧的补缺模板→吊装另一侧已组装好的内墙模板，补缺模板与大模板用钢管拴好→调整斜撑，保证墙模板的位置及垂直度→浇筑混凝土→拆模，清理→进行下一区的吊装。

（2）按编号吊装就位　安装无框模板时应按模板编号顺序吊装就位，拼装完大模板后，必须认真检查各个连接构件是否拧紧，确保模板的整体性，防止发生变形。

（3）安装准确位置　模板的安装必须确保位置准确，立面垂直。用线坠检查模板背面的垂直度，不垂直时，通过支架下的地脚螺栓进行调节。模板横向应水平一致，不够平整时可通过模板下部的地脚螺栓进行调整。

（4）根部堵严　在模板就位固定后，模板根部缝隙要用水泥砂浆堵严，避免墙体出现漏浆烂根现象。

7.4.4　外墙模板的施工

（1）外墙模板的施工流程　工艺流程为：安装固定外墙内模板阴角模→吊装外墙内模板补缺模板→吊装已组装好的内墙大模板→安装穿墙螺栓及硬质塑料管→吊装外墙的基本模板→吊装外墙外模的补缺模板→吊装固定角模→进行模板间连接→调整模板位移及平整度→浇筑混凝土→拆模、清理→进行下一区的吊装。

（2）外墙外模板施工　外墙外模板直接支撑在搭设好的外脚手架或外挂架上，吊装前，先沿外墙侧紧贴顶板顶外侧贴一条 2cm 宽的海棉条，无框模板下部低于顶板 5cm。

（3）拐角处采用定角模　外墙在拐角处使用定角模，角模与无框模板间采用短斜销连接，应保证连接牢固。其他安装与校正同内墙无框模板。

（4）安装内侧模　外墙外侧模板校正固定，再安装内侧模。为了避免在振捣混凝土时模板位移，可用钢丝及花篮螺栓拉结在内侧模板的穿墙杆处，水平间距不少于 1.2cm。

7.4.5　模板的拆除

（1）拆模条件及顺序　当墙体混凝土的强度达到 $1.0N/mm^2$ 时，可以拆除大模板。一般情况下，常温时混凝土浇筑完 10h 后，可以拆模。但在冬期施工时，应视施工方法及强度增长情况决定拆模时间，应严格掌握混凝土拆模时间，在气温 10℃ 以上时，应在混凝土终凝 8h 后松开拉杆，24h 后方可拆模，避免由于时间过长增加模板与混凝土结构表面的吸附力，导致拆模困难。

① 无框拆模的拆模顺序是：先拆纵墙模板，后拆横墙模板。

② 拆模时，先将花篮螺栓、穿墙螺栓等拆除，放入工具箱内，再松动地脚螺栓，使模板和墙面逐渐脱离；脱模困难时，可在模板底部用撬棍撬动，不得在上口撬动、晃动及用大锤砸模板。

(2) 角模的拆除　角模的两侧都是混凝土墙面，吸附力较大，加之施工中模板封闭不严密，或者角模位移，被混凝土握紧，因此拆模比较困难。可先将角模外表的混凝土剔除，然后用撬棍从上部撬动，将角模脱出。严禁因拆模困难，用大锤砸，把模板碰弯或变形，从而导致以后的支模拆模更加困难。

(3) 起吊无框模板　脱模后起吊无框模板前，要仔细检查穿墙螺栓是否全部拆光，无障碍后方可吊出。吊运无框模板不得碰撞墙体，防止造成墙体裂缝。

(4) 刷脱模剂　无框模板及其配套模板拆除后，应及时用木制铲刀将板面的水泥砂浆清理干净，刷脱模剂，以备下次使用。在楼层上涂刷脱模剂时，要防止将脱模剂溅到钢筋上。

8 木模板

木模板，俗称壳子板，与混凝土表面接触的模板，为了确保混凝土表面的光洁，宜采用红松、白松、杉木。木模板的主要优点是制作拼装随意，特别适用于浇筑外形复杂、数量不多的混凝土结构或构件。另外，因为木材导热系数低，混凝土冬期施工时，木模板具有保温作用。

木模板由于耗用木材资源多，目前只在少数地区应用，逐步被胶合板、钢模板及塑料板所取代。

8.1 现浇结构木模板

现浇结构木模板的基本形式是散支散拆组拼式木模板。

8.1.1 基础模板

8.1.1.1 独立式基础模板

（1）阶形基础模板　阶形基础模板每一台阶模板均由四块侧板拼钉而成，其中两块侧板的尺寸与相应的台阶侧面尺寸相等；另两块侧板长度应比相应的台阶侧面长度长 150～200mm，高度相同。四块侧板用木档拼成方框。上台阶模板的其中两块侧板的最下一块拼板要加长（轿杠木），便于搁置在下台阶模板上，下台阶模板的四周要设斜撑和平撑。斜撑和平撑一端钉在侧板的木档（排骨档）上，另一端钉在木桩上。上台阶模板的四周也要用斜撑与平撑支撑，斜撑与平撑的一端钉在上台阶侧板的木档上，另一端可钉在下台阶侧板的木档顶上，如图 8-1 所示。

模板安装时，首先在侧板内侧划出中线，在基坑底弹出基础中线，把各台阶侧板拼成方框。然后把下台阶模板放在基坑底，两者中线互相对齐，并用水平尺校正其标高，在模板周围钉上木桩。上

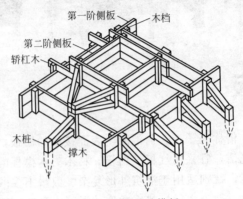

图 8-1 阶形基础模板

台阶模板放在下台阶模板上的安装方法同上。

（2）杯形基础模板　杯形基础模板的构造和阶形基础模板相似，只是在杯口位置需装设杯芯模。杯芯模两侧钉上轿杠木，方便搁置在上台阶模板上。如果下台阶顶面带有坡度，应在上台阶模板的两侧钉上轿杠木，轿杠木端头下方加钉托木，方便搁置在下台阶模板上。近旁有基坑壁时，可贴基坑壁设垫木，用斜撑与平撑支撑侧板木档，如图 8-2 所示。

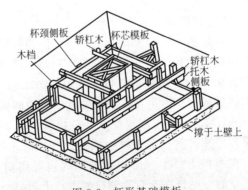

图 8-2 杯形基础模板

杯芯模有整体式与装配式两种。整体式杯芯模是用木板和木档根据杯口尺寸钉成一个整体，为方便脱模，可在芯模的上口设吊环，或在底部的对角十字档穿设 8 号铅丝，以便于芯模脱模。装配式杯芯模由四个角模构成，每侧设抽芯板，拆模时先抽去抽芯板，即可脱模，如图 8-3 所示。

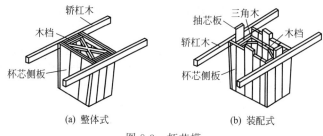

(a) 整体式　　　　　(b) 装配式

图 8-3　杯芯模

安装前，首先将各部分画出中线，在基础垫层上弹出基础中线。各台阶钉成方框，杯芯模钉成整体，上台阶模板和杯芯两侧钉上轿杠。

安装时，先将下台阶模板放在垫层上，两者中心对准，四周用斜撑及平撑钉牢，再把钢筋网放入模板内，然后将上台阶模板摆上，对准中线，校正标高，最后在下台阶侧板外加木档，把轿杠的位置固定住。杯芯模需最后安装，对准中线，再将轿杠置于上台阶模板上，并用木挡予以固定。

杯芯模的上口宽度通常比柱脚宽度大 100～150mm，下口宽度比柱脚宽度大 40～60mm，杯芯模的高度（轿杠底到下口）需比柱子插入基础杯口中的深度大 20～30mm，以便安装柱子时校正柱列轴线和调整柱底标高。

杯芯模通常不装底板，这样浇筑杯口底处混凝土比较容易操作，也易于振捣密实。

杯形基础应避免中心线不准、杯口模板位移、混凝土浇筑时芯模浮起、拆模时芯模拆不出的现象发生。安装质量保证措施如下所述。

① 中心线位置和标高要准确，支上段模板时采用抬轿杠，可使位置准确。托木的作用是将轿杠和下段混凝土面隔开少许，便于混凝土面拍平。

② 杯芯模板要刨光直拼，芯模外表面涂刷隔离剂，底部再钻几个小孔，以便排气，减少浮力。

③ 脚手板禁止搁置在模板上。

④ 浇筑混凝土时，在芯模四周要对称均匀下料和振捣密实。

⑤ 拆除杯芯模板时，通常在初凝前后即可用小锤轻打、拨棍小心拨动。

（3）锥形柱基础模板　锥形柱基础模板采用矩形和梯形模板拼合而成，如图 8-4 所示。为了防止浇筑混凝土时将斜面模板抬起，可用铅丝拉系在钢筋上。如锥面不高、斜度不大，可不用梯形模板，用铁板拍出设计斜坡即可。

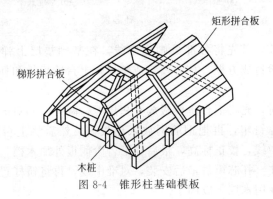

图 8-4　锥形柱基础模板

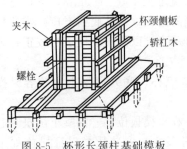

图 8-5　杯形长颈柱基础模板

（4）杯形长颈柱基础模板　杯形长颈柱基础模板的支模方法与杯形基础模板相同，如图 8-5 所示。但在长颈部分的模板上，则应用夹木或螺栓箍紧，避免浇筑混凝土时胀模。

8.1.1.2　条形基础模板

条形基础模板通常由侧板、斜撑、平撑组成。侧板可用长条木板加钉竖向木档拼制，也可用短条木板加横向木档拼成。斜撑和平撑钉在木桩（或垫木）与木档之间，如图 8-6 所示。

（1）普通条形基础模板安装　条形基础模板安装时，首先在基槽底弹出基础边线，再把侧板对准边线垂直竖立，校正调平无误后，用斜撑与平撑钉牢。如基础较长，可先立基础两端的两块侧

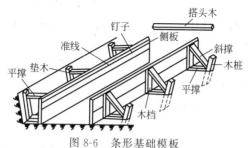

图 8-6　条形基础模板

板，经过校正后再在侧板上口拉通线，按照通线再立中间的侧板。当侧板高度大于基础台阶高度时，可在侧板内侧根据台阶高度弹准线，并每隔 2m 左右在准线上钉圆钉，作为浇捣混凝土的标志。每隔一定距离在侧板上口钉搭头木，以免模板变形。

（2）带有地梁的条形基础模板安装　带有地梁的条形基础模板，轿杠木布置在侧板上口，用斜撑和吊木将侧板吊在轿杠木上，如图 8-7 所示。吊木间距为 800～1200mm。

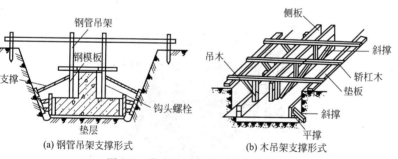

(a) 钢管吊架支撑形式　　　　(b) 木吊架支撑形式

图 8-7　带有地梁的条形基础模板

8.1.1.3　施工要点

① 安装模板前先复查地基垫层标高和中心线位置，弹出基础边线。基础模板面标高应符合设计要求。

② 基础下段模板如果土质良好，可以用土模，但开挖基坑及基槽尺寸必须准确。杯芯模板要刨光，应直拼。如设底板，应使侧板包底板；底板要钻几个孔便于排气。芯模外表面涂隔离剂，四角做成小圆角，灌混凝土时上口要临时遮盖。

③ 杯芯模板的拆除要掌握混凝土的凝固情况，通常在初凝前后即可用锤轻打，撬棒松动；较大的芯模，可用倒链把杯芯模板稍加松动后拔出。

④ 浇筑混凝土时要注意避免杯芯模板向上浮升或四面偏移，模板四周混凝土应均衡浇筑。

⑤ 脚手板不能放置在基础模板上。

8.1.2 墙模板

墙模板的安装程序为：弹线→抹水泥砂浆找平→安装门窗洞口模板→安装一侧模板→清理墙内杂物→安装另一侧模板→调整固定→预检。

墙模板安装分为现场散拼与场外预拼现场整片安装两种。墙模板安装程序和要求基本上与柱模板安装相同，只是不用柱箍，而用立档、横牵杠及对拉螺柱加固。也有先安装一侧模板，待墙钢筋绑扎后，再安装另一侧模板的做法。

(1) 一般支模 混凝土墙体的模板主要由侧板、立档、牵杠、斜撑等构成，如图 8-8 所示。

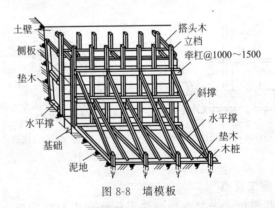

图 8-8 墙模板

① 侧板可以使用长条板横拼，预先与立档钉成大块板，板块的高度通常不超过 1.2m。牵杠（横档）钉在立档外侧，从底部开始每隔 1～1.5m 一道。在牵杠和木桩之间支斜撑和水平撑，若木桩间距大于斜撑间距，应沿木桩设通长的落地牵杠，斜撑和水平撑紧钉在落地牵杠上。当坑壁较近时，可在坑壁上立垫木，在牵杠和

垫木之间用平撑支撑。

② 墙模板安装时，按照边线先立一侧模板，临时用支撑撑住，用线锤校正模板的垂直度（图 8-9），然后钉牵杠，再用斜撑与水平撑固定。大块侧模组拼时，上下竖向拼缝要互相错开，先立两端，后立中间部分。在钢筋绑扎后，按同样方法安装另一侧模板和斜撑等。

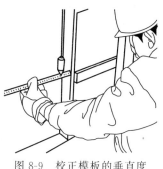

图 8-9　校正模板的垂直度

③ 为了保证墙体的厚度无误，在两侧模板之间可用小木枋撑头（小木枋长度等于墙厚），防水混凝土墙要增加止水板的撑头。小木枋要随着浇筑混凝土依次取出。为了避免浇筑混凝土的墙身鼓胀，可用 8～10 号铅丝或直径 12～16mm 螺栓拉结两侧模板，间距需不大于 1m。螺栓要纵横排列，并在混凝土凝结前经常转动，以便在凝结后取出。若墙体不高，厚度不大，也可在两侧模板上口钉上搭头木。各种撑头如图 8-10 所示。

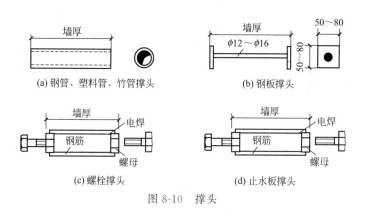

图 8-10　撑头

（2）定型模板墙模　混凝土墙体较多的工程，宜采用定型模板施工，以便多次周转使用。

定型模板可用木模或小型钢模板，以斜撑保持模板的垂直和位置。穿墙螺栓及横档承受浇筑混凝土时的侧压力，使用钢定型模板做墙模，在钢模底部用找平木枋及找平层垫板调节高度，可用调板

（即在定型钢模边加宽 100mm 钢板）或嵌小木枋补缝调整宽度，用回形销做上下左右连接，如图 8-11 所示。

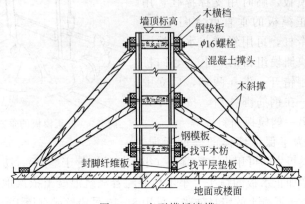

图 8-11　定型模板墙模

（3）施工要点　施工要点分为以下两点。

① 先弹出中心线及两边线，选择一边先装，竖立档、横档和斜撑，钉侧板，在顶部用线锤吊直，拉线找平，撑牢钉紧。

② 将钢筋绑扎完后，将墙基础清理干净，再竖另一边模板，程序同上，但通常均加撑头以保证混凝土墙体厚度。

8.1.3　柱模板

8.1.3.1　柱模板安装程序

柱模板安装分为现场拼装和场外预拼装现场安装就位两种。

（1）柱模板现场拼装程序　柱模板现场拼装程序为：安装最下面一圈模板（留清理孔）→逐圈安装向上直至柱顶（留浇筑孔）→校正垂直度→安装柱箍→装水平和斜向支撑。

（2）场外预拼装现场安装就位程序　场外预拼装现场安装就位程序为：场外将柱模板分四片预拼装→运至现场→立四边拼板并连接成整体→校正垂直度→安装柱箍→装水平和斜向支撑。

8.1.3.2　柱模板安装

（1）矩形柱木模板　矩形柱木模板由四面侧板、柱箍、支撑构成。构造做法有两种：一种是两面侧板为长条板用木档纵向拼制，另两面用短板横向逐块钉上，两头要伸出纵向板边，方便拆除，并每隔 1m 左右留出洞口，便于从洞口中浇筑混凝土。通常纵向侧板厚 25～50mm，横向侧板厚 25～30mm。在柱模底用小木枋钉成方盘，加以固定，如图 8-12(a) 所示。另一种是柱子四边侧模都使用纵向模板，模板横缝较少，如图 8-12(b) 所示。

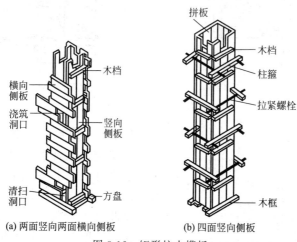

(a) 两面竖向两面横向侧板　　(b) 四面竖向侧板

图 8-12　矩形柱木模板

柱顶与梁交接处要留出缺口，缺口尺寸即为梁的高和宽（梁高以扣除平板厚度计算），并在缺口两侧和口底钉上衬口档。衬口档离缺口边的距离即为梁侧板和底板的厚度，如图 8-13 所示。

为了避免在混凝土浇筑时模板产生鼓胀变形，模外应安装柱箍，可采用木箍、钢木箍和钢箍等几种，如图 8-14～图 8-16 所示。

图 8-13　柱模顶处构造

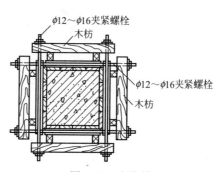

图 8-14　木柱箍

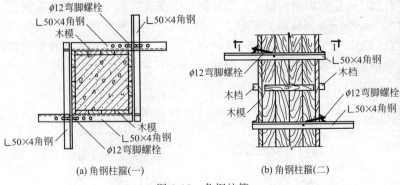

(a) 角钢柱箍(一)　　　　(b) 角钢柱箍(二)

图 8-15　角钢柱箍

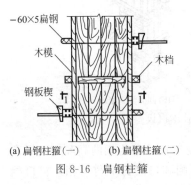

(a) 扁钢柱箍(一)　(b) 扁钢柱箍(二)

图 8-16　扁钢柱箍

柱箍间距应根据柱模断面大小经计算确定，通常不超过 100mm，柱模下部间距应小些，向上可逐渐加大间距。设置柱箍时，横向侧板外面要设竖向木档。

安装柱模板时，应先在基础面（或楼面）上弹柱轴线和边线，同一柱列应先弹两端柱轴线及边线，然后拉通线弹出中间部分柱的轴线与边线。按照边线先把底部方盘固定好，然后再对准边线安装柱模板。为了保证柱模的稳定，柱模之间要通过水平撑、剪刀撑等互相拉结固定，如图 8-17 所示。

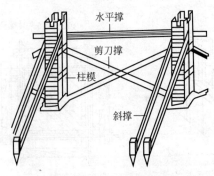

图 8-17　柱模的固定

（2）圆形柱木模板　圆形柱木模板用竖直狭条（厚 20～25mm，宽 30～50mm）模板与圆弧档（又称木带，厚 30～50mm）做成两个半片，直径较大的可做成三片以上，其构造示意如图 8-18 所示。为防止混凝土浇筑时侧压力使模板爆裂，木带净宽需不小于 50mm 或在模外每隔 500～1000mm 用两股以上 8～10 号铅丝箍紧。

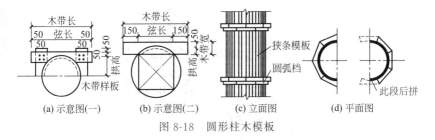

图 8-18　圆形柱木模板

8.1.3.3　施工要点

① 安装时先在基础面上弹出纵横轴线及四周边线，固定小方盘，在小方盘上调整标高和立柱头板。小方盘一侧要留清扫口。

② 对于通排柱模板，需先装两端柱模板，校正固定，拉通长线校正中间各柱模板。

③ 柱头板可用 25mm（厚度）×50mm 长料木板，门子板通常用 25mm（厚度）×30mm 的短料或定型模板。短料在装钉时，要交错伸出柱头板，方便拆模及操作人员上下。由地面起每隔 1～2m 留一道施工口，便于浇筑混凝土及放入振捣器。

④ 柱模板应加柱箍，用四根小木枋互相搭接钉牢或用工具式柱箍。采用 50mm×100mm 木枋立棱的柱模板，每隔 500～1000mm 加一道柱箍。

⑤ 为便于拆模，柱模板和梁模板连接时，梁模宜缩短 2～3mm，并锯成小斜面。

8.1.4　梁模板

梁模板主要由侧板、底板、夹木、托木、梁箍、支撑等组成。侧板可采用厚 25mm 的长条板加木档拼制，底板通常用厚 40～50mm 的长条板加木档拼制，或用整块板。

在梁底板下每隔一定间距支设顶撑。夹木设在梁模两侧板下方，将梁侧板和底板夹紧，并钉牢在支柱顶撑上。次梁模板，还应依据搁栅标高，在两侧板外面钉上托木。在主梁和次梁交接处，应在主梁侧板上留缺口，并钉上衬口档，次梁的侧板与底板钉在衬口档上（图 8-19）。

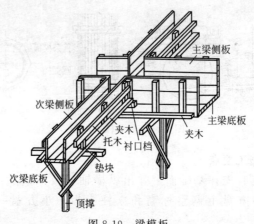

图 8-19　梁模板

支承梁模的顶撑（又称琵琶撑、支柱），其立柱通常为 100mm×100mm 的木枋或直径 120mm 的原木；帽木用断面 (50～100)mm×100mm 的木枋，长度依据梁高决定；斜撑用断面 50mm×75mm 的木枋。同时，支承梁模也可用钢制顶撑（图 8-20）。为了调整梁模的

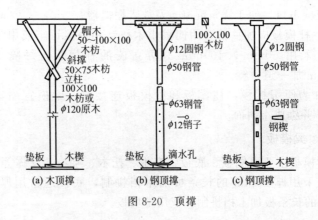

图 8-20　顶撑

标高，在立柱底应垫木楔。沿顶撑底在地面上应铺设垫板。垫板厚度需不小于 40mm，宽度不小于 200mm，长度不小于 600mm。新填土或土质不好的基层地面应采取夯实措施。

顶撑的间距要根据梁的断面大小而定，通常为 800～1200mm。

当梁的高度较大（大于 70cm），梁侧模板应加穿梁螺栓加固；也可在侧板外面另加斜撑，斜撑上端钉在托木上，下端钉在顶撑的帽木上（图 8-21），独立梁的侧板上口用搭头木互相卡住。

梁木模板的安装如下所示。

（1）矩形单梁模板安装　矩形单梁模板如图 8-22 所示。梁模板安装时，需在梁模板下方地面上铺垫板，在柱模板缺口处钉衬口档，然后将底板两头搁置在柱模衬口档上，再立靠柱模或墙边的顶撑，同时按照梁模长度等分顶撑间距，立中间部分的顶撑。顶撑底需打入木楔。安放侧板时，两头应钉牢在衬口档上，同时在侧板底外侧铺上夹木，用夹木将侧板夹紧并且钉牢在顶撑木上，随即将斜撑钉牢。

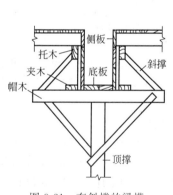

图 8-21　有斜撑的梁模

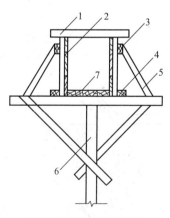

图 8-22　矩形单梁模板
1—搭头木；2—侧板；3—托木；
4—夹木；5—斜撑；6—木
顶撑；7—底板

次梁模板的安装要等到主梁模板安装且校正后才能进行。其底板和侧板两头是钉在主梁模板缺口处的衬口档上。次梁模板的两侧板外侧应根据搁栅底标高钉上托木。

梁模板安装后，要拉中线进行检查，校对各梁模中心位置是否对正。等到平板模板安装后，检查并调整标高，然后将木楔钉牢在垫板上。各顶撑之间要设置水平撑或剪刀撑，以保持顶撑的稳固（图8-23）。

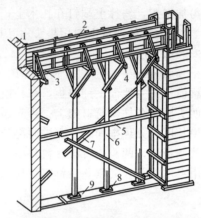

图 8-23　梁模板的安装

1—砖墙；2—侧板；3—夹木；4—斜撑；5—水平撑；

6—琵琶撑；7—剪刀撑；8—木楔；9—垫板

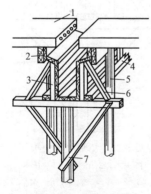

图 8-24　花篮梁模板

1—圆孔板；2—格栅；3—木档；

4—夹木；5—牵杠撑；

6—斜撑；7—琵琶撑

当梁的跨度在 4m 及 4m 以上时，应在梁模板的跨中起拱，起拱高度为梁跨度的 0.2%～0.3%。

当楼板使用预制圆孔板、梁为现浇花篮梁时，应先安装梁模板，然后吊装圆孔板，圆孔板的质量暂时由梁模板来承担，可以加强预制板与现浇梁的连接。其模板构造如图8-24所示。安装时，先按照前述方法将梁底板及侧板装好，然后在侧板的外边立支撑（在支撑底部应垫上木楔与垫板），再在支撑上钉通长的搁栅，搁栅要与梁侧板上口靠紧，在支撑之间用水平撑和剪刀撑互相连接。

当梁模板下面需留施工通道，或由于土质不好不宜落地支撑，且梁的跨度又不大时，则可将支撑改成倾斜支设，支在柱子的基础面上（倾角通常不大于 30°），在梁底板下面用一根 50mm×75mm 或 50mm×100mm 的木枋，将两根倾斜的支撑撑紧，以增加梁底板刚度和支撑的稳定性（图 8-25）。

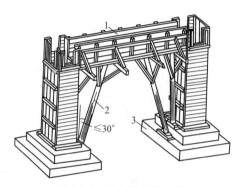

图 8-25　用支撑倾斜支模

1—侧板；2—支撑；3—柱基础

（2）圈梁模板安装　图 8-26 所示为圈梁模板安装。它由横担、侧板、夹木、斜撑和搭头木等部件组装而成。

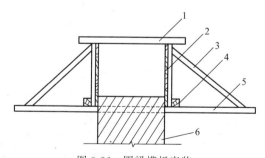

图 8-26　圈梁模板安装

1—搭头木；2—侧板；3—斜撑；4—夹木；5—横担；6—砖墙

① 将 50mm×100mm 截面的木横担穿入梁底一皮砖处的预留洞中，两端露出墙体的长度相同，找平后用木楔将其与墙体固定。

② 立侧板。侧板下边担在横担上，内侧面紧靠墙壁，调直后用夹木和斜撑将其固定。斜撑上端钉在侧板的木档上，下端钉在横担上。

③ 支模时需遵守边模包底模的原则，梁模与柱模连接处，下料尺寸通常略为缩短。

④ 梁侧模必须和压脚板、斜撑拉线通直后将梁侧钉牢固。梁底模板按规定起拱。

⑤ 每隔 1000mm 左右在圈梁模板上口钉一根搭头木或顶棍，避免模板上口胀开变形。

⑥ 在侧板内侧面弹出圈梁上表面高度控制线。

⑦ 在圈梁的交接处做好模板的搭接。

⑧ 混凝土浇筑前，需将模内清理干净，并浇水湿润。

8.1.5 楼板模板

8.1.5.1 支模方法

（1）一般支模法 平板模板通常用厚度为 20～25mm 的木板拼成，或采用定型木模块铺设在搁栅上。搁栅两头搁置在托木上，搁栅通常用断面 50mm×100mm 的木枋，间距为 400～500mm。当搁栅跨度较大时，应在搁栅中间立牵杠撑，并铺设通长的龙骨来减小搁栅的跨度。牵杠撑的断面要求与顶撑立柱相同，下面须垫木楔和垫板。一般用 (50～75) mm×150mm 的木枋。平板模板应在垂直于搁栅方向铺钉。定型模块的规格尺寸要符合搁栅间距或适度调整搁栅间距来适应定型模块的尺寸，如图 8-27 所示。

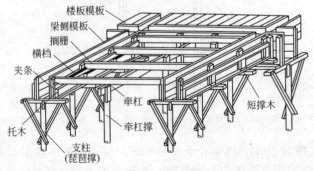

图 8-27　一般支模法

平板模板安装时，先在次梁模板的两侧板外侧弹水平线，水平线的标高应为平板底标高减去平板模板厚度和搁栅高度。然后根据水平线钉上托木，托木上口与水平线相齐。再把靠梁模旁的搁栅摆上，等分搁栅间距，摆中间部分的搁栅。最后在搁栅上铺钉平板模板。为便于拆模，只在模板端部或接头处钉牢，中间尽量少钉。如用定型模块，则铺在搁栅上即可。如中间设有牵杠撑和牵杠，应在搁栅摆放前先将牵杠撑立起，铺平牵杠，在牵杠撑下面设置垫板与对拔楔，以调整高度。

（2）桁架支模法　桁架支模法是采用木模与木制琵琶撑支模时，在梁的两端加木制琵琶撑，将桁架放在上面，如图 8-28 所示。中部不加支撑，但应根据荷载质量确定桁架间距。桁架上装置小木枋，并用铅丝绑牢。两端支撑处加木楔，在调整好标高后钉牢。桁架之间设拉结条，保持桁架垂直。

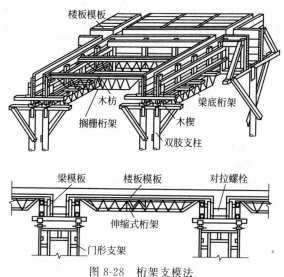

图 8-28　桁架支模法

（3）桁架、托具支模法　如图 8-29 所示，将托具砌入砖墙，在托具上安装楔形垫木，调整标高，以便支撑桁架，节约支柱。钢筋托具随墙体砌筑时放置在需要的位置上，也有采取打入砖墙灰缝的办法，但以预先砌筑为宜，如图 8-30 所示。

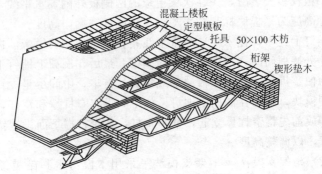

图 8-29 桁架、托具支模法

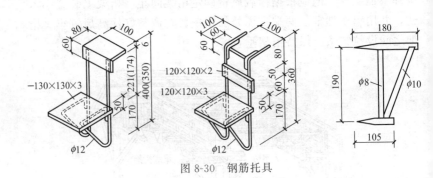

图 8-30 钢筋托具

8.1.5.2 挑檐板和雨篷模板

（1）挑檐板木模板 挑檐板木模板的支模法，其支柱通常不落地，采用在下层窗台线上用斜撑支撑挑檐部分的方法，如图 8-31(a) 所示；还可采用三角架支模法，由砖墙承担挑檐质量，如图 8-31(b) 所示。

（2）雨篷木模板 雨篷木模板包括门过梁与雨篷板两个部分。门过梁的模板由底模、侧模、夹木、顶撑、斜撑等构成；雨篷板模板由托木、搁栅、底板、牵杠、牵杠撑等构成，如图 8-32 所示。

支模时，先立门洞两旁的顶撑，搁上过梁的底、侧模，同时校正固定。然后在靠雨篷一边的侧板上钉托木，其上口标高即是支撑雨篷底模的搁栅底面标高。再在雨篷模板前沿下方立牵杠撑，钉上牵杠，安放搁栅，最后铺设雨篷底模。

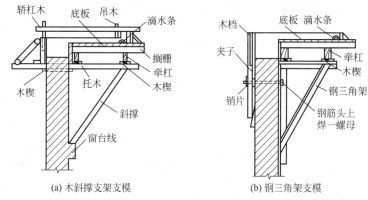

(a) 木斜撑支架支模　　　　　(b) 钢三角架支模

图 8-31　挑檐板木模板

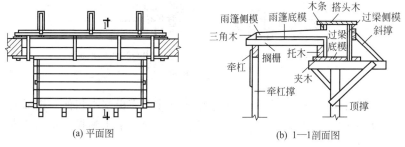

(a) 平面图　　　　　(b) 1—1剖面图

图 8-32　雨篷木模板

8.1.5.3　施工要点

①　楼板模板铺板时只要在两端和接头处钉牢，中间尽量少钉以便拆模。如采用定型模板，须按其规格距离铺设搁栅；不够铺一块定型模板的缝隙，可用木板镶满或用 2～3mm 厚铁皮盖住。

②　使用桁架支模时，应根据荷载质量确定桁架间距，桁架上弦要放小木枋，用铁丝绑紧，两端支撑处要放置木楔，在调整标高后钉牢；桁架之间设拉结条，保持桁架垂直。

③　挑檐模板必须撑牢拉紧，以免外倒倾覆，确保安全。

8.1.6　楼梯模板

现浇钢筋混凝土楼梯分为有梁式、板式及螺旋式几种结构形式。其中梁式与板式楼梯的支模方法基本相同。

楼梯模板安装程序为：安装平台梁、平台板模板和基础梁模板→安装楼梯斜梁或楼梯底板模板→支撑→安装楼梯外帮侧板→安装反三角板→安装踏步侧板。

双跑板式楼梯包括楼梯段（梯板和踏步）、梯基梁、平台梁和平台板等，如图 8-33 所示。

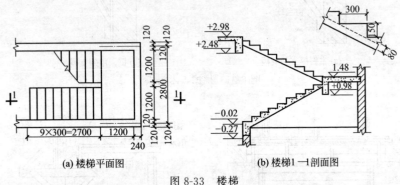

(a) 楼梯平面图　　　　　　(b) 楼梯1—1剖面图

图 8-33　楼梯

平台梁和平台板模板的构造与肋形楼盖模板基本相似。楼梯段模板由底模、搁栅、牵杠、牵杠撑、外帮板、踏步侧板、反三角木等组成，如图 8-34 所示。

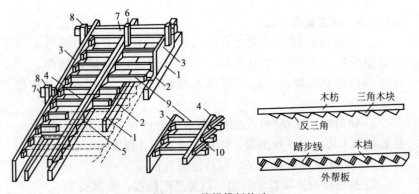

图 8-34　楼梯模板构造

1—楞木；2—底模；3—外帮板；4—反三角木；5—三角板；
6—吊木；7—横楞；8—立木；9—踏步侧板；10—顶木

梯段侧板的宽度至少要等于梯段板厚和踏步高，板的厚度为30mm，长度按梯段长度确定。反三角木是由若干三角木块钉在木枋上，三角木块两直角边长分别等于踏步的高与宽，板的厚度为50mm，木枋断面为50mm×100mm。每一梯段最少要配一块反三角木，楼梯较宽时可多配。反三角木用横楞及立木支吊。

（1）放大样配制方法　楼梯模板有的部分可根据楼梯详图配制，有的部分则需要放出楼梯的大样图，以便量出模板的准确尺寸。

① 在平整的水泥地面上，用1:1或1:2的比例放大样，弹出水平基线 x—x 及其垂线。

② 根据已知尺寸和标高，画出梯基梁、平台梁及平台板。

③ 定出踏步首末两级的角部位置 A、a 两点与根部位置 B、b 两点，如图 8-35（a）所示，两点之间画连线。画出 Bb 线的平行线，其间距等于梯板厚，与梁边相交得 C、c 两点。

④ 在 Aa 和 Bb 两线之间，通过水平等分或垂直等分画出踏步。

⑤ 按模板厚度在梁板底部和侧部画出模板图，如图 8-35（b）所示。

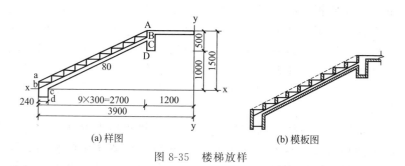

图 8-35　楼梯放样

按支撑系统的规格画出模板支撑系统和反三角等模板安装图，如图 8-36 所示。

第二梯段放样方法和第一梯段基本相同。

（2）楼梯模板的安装　以先砌墙体后浇楼梯为例，先立平

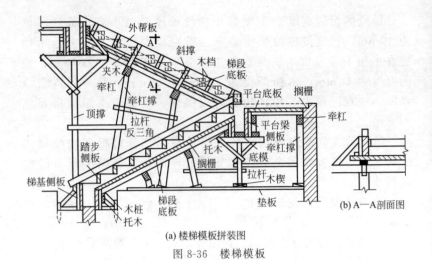

(a) 楼梯模板拼装图

(b) A—A剖面图

图 8-36　楼梯模板

台梁、平台板的模板和梯基的侧板。在平台梁与梯基侧板上钉托木，将搁栅支于托木上，搁栅的间距为 400mm×500mm，断面为 50mm×100mm。搁栅下立牵杠与牵杠撑，牵杠断面为 50mm×150mm，牵杠撑间距为 1～1.2m，其下垫通长垫板。牵杠应和搁栅相垂直，牵杠撑之间应用拉杆相互拉结。再在搁栅上铺梯段底板，底板厚为 25～30mm，底板纵向应同搁栅相垂直。在底板上画梯段宽度线，依线立外帮板，外帮板可用夹木或斜撑固定。在靠墙的一面立反三角木，反三角木的两端和平台梁、梯基的侧板钉牢。然后在反三角木和外帮板之间逐块钉踏步侧板，踏步侧板一头钉在外帮板的木档上，另一头钉在反三角木的侧面上。如果梯形较宽，应在梯段中间再增加反三角木。

如果是先浇楼梯后砌墙体，则梯段两侧均需设外帮板，梯段中间加设反三角木，其余安装步骤与先砌墙体做法相同。要注意梯步高度应均匀一致，最下一步和最上一步的高度，必须考虑楼地面最后的装修厚度，避免由于装修厚度不同而形成梯步高度的不协调。

（3）施工要点　施工要点如下所述。

① 楼梯模板施工前应根据实际层高放样，先安装平台梁和

基础模板，然后装楼梯斜梁或楼梯底模板，再安装楼梯外帮侧板。外帮侧板需先在其内侧弹出楼梯底板厚度线，用套板画出踏步侧板位置线，钉好固定踏步侧板的档木，在现场装钉侧板。

②　如果楼梯较宽，沿踏步中间的上面加一道或两道反扶梯基，如图 8-37 所示。反扶梯基上端与平台梁外侧板固定，下端与基础外侧板固定撑牢。

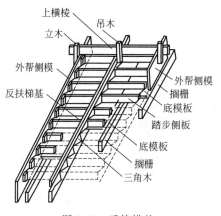

图 8-37　反扶梯基

③　如果先砌墙后安装楼梯板，则靠墙一边应设置一道反扶梯基便于吊装踏步侧板。

④　梯步高度要均匀一致，特别要注意最下一步与最上一步的高度，必须考虑楼地面层抹灰厚度，避免由于抹灰层厚度不同而形成梯步高度不协调。

8.1.7　门窗过梁、圈梁和雨篷模板

（1）门、窗过梁模板　门、窗过梁模板由底模、侧模、夹木及斜撑等组成（图 8-38）。底模通常用厚 40mm 的木板，其长度等于门、

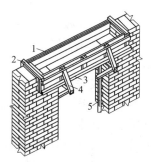

图 8-38　门、窗过梁模板
1—木档；2—搭头木；3—夹木；
4—斜撑；5—支撑

窗洞口长度，宽度和墙厚相同。侧模用厚 25mm 的木板，其高度为过梁高度加底板厚度，长度应当比过梁长 400～500mm，木档通常选用 50mm×75mm 的木枋。

安装时，先将门、窗过梁底模按照设计标高搁置在支撑上，支撑立在洞口靠墙处，中间部分间距通常为 1m 左右。然后装上侧模，侧模的两端紧靠砖墙，在侧模外侧钉上夹木与斜撑，将侧模固定。最后，在侧模上口钉搭头木，以确保过梁尺寸的正确。

（2）圈梁模板 圈梁模板由横楞（托木）、侧模、夹木、斜撑和搭头木等组成，其构造和门、窗过梁基本相同。圈梁模板是以砖墙顶面为底模，侧模高度通常是圈梁高度加一皮砖厚度，以便支模时两侧侧模夹住顶皮砖。安装模板前，在离圈梁底第二层砖处每隔 1.2～1.5m 设置一楞木，侧模立于横楞上，在横楞上钉夹木，使侧模夹紧墙面。斜撑下端钉在横楞上，上端钉在侧模的木档上。搭头木上画出圈梁宽度线，依线对准侧板里口，间隔一定距离钉在侧模上（图 8-39）。

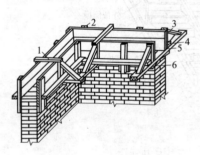

图 8-39 圈梁模板

1—搭头木；2—木档；3—斜撑；

4—夹木；5—横楞；6—木楔

（3）雨篷模板 雨篷模板包括门过梁与雨篷板两个部分。门过梁的模板由底模、侧模、夹木、顶撑、斜撑等组成；雨篷板的模板由托木、格栅、底板、牵杠、牵杠撑等组成（图 8-40）。

雨篷模板安装时，先立门洞两旁的顶撑，安放过梁的侧模，用夹木将侧模夹紧，在侧模外侧用斜撑钉牢。在靠雨篷板一边的侧板上钉托木，托木上口标高通常是雨篷板底标高减去雨篷板底板厚和格栅高。然后在雨篷板前沿下方立起牵杠撑，牵杠撑上端钉上牵杠，牵杠撑下端应垫上木楔板。再在托木和牵杠之间摆上格栅，在格栅上钉上三角撑。如果雨篷板顶面低于梁顶面，则在过梁侧板上口（靠雨篷板的一侧）钉通长木条，木条高度是两者顶面标高之

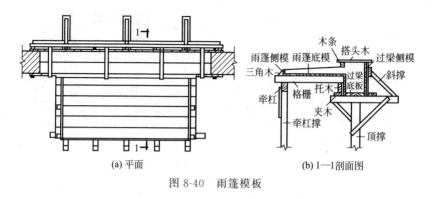

(a) 平面   (b) 1—1剖面图

图 8-40   雨篷模板

差。安装完后，应检查各部分尺寸及标高是否正确，如有不符，应进行调整。

8.2   预制构件木模板

预制构件木模板是木模板的最常见生产形式，对于快速度、高质量的混凝土施工具有非常重要的作用。在建筑工程中所用的预制构件木模板很多，常用的有预制普通柱子木模板、预制 I 形柱子木模板、预制 T 形梁木模板和预制薄腹梁木模板等。

（1）预制普通柱子木模板   预制普通柱子木模板的构造比较复杂，主要由底板、侧板、横担、托木、斜撑、夹木、木楔、垫板、搭头木等构成。

底板和侧板是柱子成型的模板，底板平铺在横担上，侧板立铺在横担上。侧板上部外侧钉托木，侧板底部外侧放置夹木，两侧夹木应牢固地钉于横担上。斜撑的上端应钉在托木上，斜撑的下端应钉在横担上。横担下面垫以木楔及垫板。在侧板上口应钉若干根搭头木。

若预制柱子需要叠层生产，则上层柱子的侧板宽度需比柱子宽度大 50mm 以上，并将侧板的木档加长，作为侧板的支脚。图 8-41 为预制普通柱子木模板的剖面图。

（2）预制 I 形柱子木模板   预制 I 形柱子木模板的构造比预制

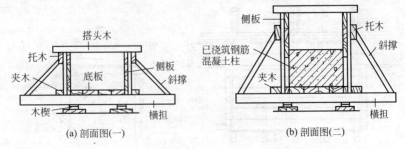

图 8-41 预制普通柱子木模板剖面图

普通柱子更为复杂，其主要由底板、侧板、上芯模、下芯模、横担、托木、夹木、斜撑、木楔、垫板、搭头木等构成。

底板平铺在横担上，侧板立铺在横担上。侧板上部外侧钉托木，侧板底部外侧放置夹木，两侧夹木应牢固地钉在横担上。上芯模钉在搭头木上，下芯模钉在底板上。斜撑的上端应钉在托木上，斜撑的下端应钉在横担上。横担下面垫以木楔及垫板。在侧板上口应钉若干根搭头木（连同上芯模）。

为了便于浇筑混凝土，上芯模只有两侧斜向板，底板模在混凝土浇至上芯模底部时安放。图 8-42 为预制Ⅰ形柱子木模板的剖面图。

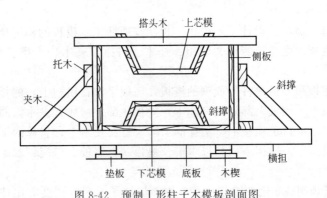

图 8-42 预制Ⅰ形柱子木模板剖面图

（3）预制 T 形梁木模板 预制 T 形梁木模板的构造同样比较复杂，其主要由底板、侧板、立档、横担、托木、夹木、斜撑、木楔、垫板、搭头木等构成。

底板平铺在横担上，侧板立铺在横担上。侧板上部外侧钉托木，侧板底部外侧放置夹木，两侧夹木应牢固地钉在横担上。斜撑的上端应钉在托木上，斜撑的下端应钉牢在横担上。为保持侧板的形状不变，在侧板的外侧应安装立档，立档可用木板拼制，其间距通常不超过 1m。横担下面垫以木楔及垫板。

如果 T 形梁在水泥地面上预制，可省去底板、横担、木楔及垫板等。夹木和斜撑的下端均可钉牢于水泥地面中预埋的木砖上。图 8-43 为预制 T 形梁木模板的剖面图。

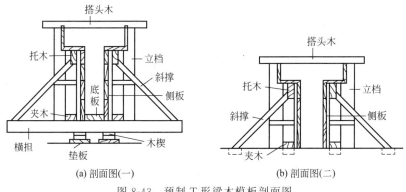

(a) 剖面图(一)　　(b) 剖面图(二)

图 8-43　预制 T 形梁木模板剖面图

(4) 预制薄腹梁木模板　预制薄腹梁木模板的构造与预制 I 形柱子木模板的构造基本相似，其主要由底板、侧板、上芯模、下芯模、横担、托木、夹木、斜撑、木楔、垫板、搭头木等构成。

底板及下芯模平铺在横担上，侧板立铺在横担上。侧板上部外侧钉托木，侧板底部外侧放置夹木，两侧夹木应牢固地钉在横担上。上芯模钉在搭头木上，斜撑的上端应钉在托木上，斜撑的下端应钉牢在横担上。横担下面垫以木楔和垫板。在侧板上口应钉若干根搭头木（连同上芯模）。

为了便于浇筑混凝土，上芯模只有两侧斜向板，底板模在混凝土浇至上芯模底部时安装。搭头木的形状应符合构件形状。图 8-44 为预制薄腹梁木模板的剖面图。

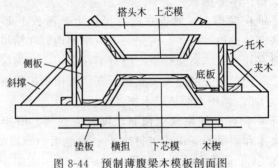

图 8-44 预制薄腹梁木模板剖面图

参 考 文 献

[1] 中国建筑科学研究院.混凝土结构工程施工质量验收规范（GB/T 50204—2015）[S].北京：中国建筑工业出版社，2002.

[2] 中国冶金建筑协会.滑动模板工程技术规范（GB 50113—2005）[S].北京：中国计划出版社，2005.

[3] 中冶建筑研究总院有限公司.组合钢模板技术规范（GB/T 50214—2013）[S].北京：中国计划出版社，2013.

[4] 北京建筑工程学院，中国模板协会.竹胶合板模板（JG/T 156—2004）[S].北京：中国标准出版社，2004.

[5] 中国建筑科学研究院.钢框胶合板模板技术规程（JGJ 96—2011）[S].北京：中国建筑工业出版社，2011.

[6] 郭杏林.模板工长 [M].北京：机械工业出版社，2007.

[7] 谢楠.高大模板支撑体系的安全控制 [M].北京：中国建筑工业出版社，2012.

[8] 李继业，黄延麟.模板工程基础知识与施工技术 [M].北京：中国建材工业出版社，2012.

[9] 周海涛.初级建筑模板工 [M].北京：中国劳动社会保障出版社，2011.

[10] 蔡召展.模板工 [M].北京：清华大学出版社，2014.

[11] 周海涛.模板工程施工技术 [M].太原：山西科学技术出版社，2009.